多元融合高弹性电网下的
输电线路动态增容技术

国网浙江省电力有限公司　组编

中国电力出版社
CHINA ELECTRIC POWER PRESS

内 容 提 要

本书共分为五章，包括概述、架空输电线路输电能力基本理论、架空输电线路输电能力的影响因素、架空输电线路动态增容系统以及架空输电线路动态增容案例。全书对架空输电线路的结构、动态增容发展概况、输电能力理论计算、动态增容系统进行了全面的介绍，将理论知识和具体生产实践相结合，用浙江架空输电线路运行具体实例对动态增容内容分析总结，旨在理论付诸实践于实际生产，并在实践中提炼升华，最终再进一步指导实践。

本书可供电网公司线路运维检修人员、电力系统调度运行人员培训学习使用，也可供电气工程相关专业技术人员和科研人员参考使用。

图书在版编目（CIP）数据

多元融合高弹性电网下的输电线路动态增容技术 / 国网浙江省电力有限公司组编. -- 北京：中国电力出版社，2024.9. -- ISBN 978-7-5198-9254-8

Ⅰ. TM726.3

中国国家版本馆 CIP 数据核字第 2024M9T177 号

出版发行：中国电力出版社
地　　址：北京市东城区北京站西街 19 号（邮政编码 100005）
网　　址：http://www.cepp.sgcc.com.cn
责任编辑：穆智勇（010-63412336） 柳　璐
责任校对：黄　蓓　朱丽芳
装帧设计：王红柳
责任印制：石　雷

印　　刷：廊坊市文峰档案印务有限公司
版　　次：2024 年 9 月第一版
印　　次：2024 年 9 月北京第一次印刷
开　　本：710 毫米×1000 毫米　16 开本
印　　张：8
字　　数：118 千字
定　　价：50.00 元

编 委 会

前　言

随着我国国民经济的快速稳步发展，工业用电需求量急剧上升。尤其是在长三角、珠三角等发达经济地区，电力供应的短缺一定程度上制约了经济的进一步发展。多年来，经过我国大型电站（厂）的建设及电网的改造工程，目前在全国范围内已经形成华北、东北、华东、华中、西北和南方共6个省际电网和海南、新疆、西藏共3个省（区）内电网，500kV高压输电线已成为各个大电网的骨架及省际、省内的联络线。为实现全国电力资源优化配置，我国提出了"西电东送、南北互供、全国联网"工程建设，使电能短缺的负荷中心可通过远距离高压输电线路从发电能源分布集中地区的发电中心获取电能。但伴随着工业用电负荷的快速增长，已有的线路由于受输送载流量热稳定限额的约束而使其输电能力大大减弱，从而难以满足用户的需求及完成输送电能的任务。特别是在某些情况（线路检修或故障、用电高峰）下，输电能力瓶颈问题导致各输电线路之间的互通容量不足，最终大幅降低电网运行的可靠性和经济性。故对提高输电线路输电能力进行深入分析研究显得尤其重要。

本书以架空输电线路增容运行为主线，首先从架空输电线路动态增容基本知识入手，分别介绍架空输电线路结构参数和线路动态增容的发展应用；接着从架空输电线路动态增容理论计算，线路输电能力的影响因素和增容约束三方面进行展开，对架空输电线路动态增容的基本原理、计算、监测、数据、设备等进行具体介绍；最后介绍了架空输电线路动态增容系统的相关知识和目前使用的动态增容监控一体化平台及实际应用效果。

本书由邓益民、姜云土主编，叶润潮、王少华、方玉群、倪宏宇、汤波、陶礼兵、邱略能、郑志祥、徐榕拥、田权、张成、顾浩、施沁琳、吴文军参编。

由于编者水平所限，本书不足之处在所难免，恳请广大读者批评指正。

编者

2024 年 8 月

名词术语

静态热稳定（static thermal rating，STR）： 基于极端气候情况（温度为一年中最高值，风速为 0 等），为了保证线路对地安全距离或导线及金具性能而得出的导线的允许载流量。

动态增容技术（dynamic thermal rating，DTR）： 指在输电线路上安装在线检测装置，对导线状态（导线温度、张力、弧垂等）和环境条件（环境温度、日照和风速等）进行监测，在不突破现行技术规程规定的前提下，根据摩尔根等载流量模型计算出导线的最大允许载流量，充分利用线路客观存在的隐性容量，提高输电线路的实际输送容量。

目 录

前言

名词术语

第1章　概述 ·· **1**

　　1.1　架空输电线路简介 ································· 1

　　1.2　架空输电线路动态增容技术概述 ················ 18

第2章　架空输电线路输电能力基本理论 ············ **32**

　　2.1　导线允许载流量计算基本原理 ··················· 32

　　2.2　输电线路最大载流量计算模型 ··················· 39

　　2.3　输电线路钢芯铝绞线热力学模型 ················ 42

　　2.4　输电线路弧垂计算模型 ························· 46

　　2.5　输电线路动态增容载流量计算案例 ·············· 60

第3章　架空输电线路输电能力的影响因素 ·········· **63**

　　3.1　影响载流量的环境参数 ························· 63

　　3.2　影响载流量的导线自身参数 ····················· 69

　　3.3　增容系统参数影响程度及重要性对比分析 ········ 74

第4章　架空输电线路动态增容系统 ················ **76**

　　4.1　边界条件 ····································· 76

　　4.2　系统组成架构 ································· 87

　　4.3　系统监测平台 ································· 90

　　4.4　前端感应装置 ································· 93

　　4.5　系统通信技术 ································· 105

第5章　架空输电线路动态增容案例 ··············· **111**

　　5.1　浙江电网输电线路动态增容案例 ················ 111

　　5.2　广东电网输电线路动态增容案例 ················ 115

　　5.3　华东电网输电线路动态增容案例 ················ 116

　　5.4　重庆电网输电线路动态增容案例 ················ 117

参考文献 ·· **119**

第1章　概　　述

1.1　架空输电线路简介

输电线路的任务是输送电能，并联络各发电厂、变电站使之并列运行，构成电力系统。高压输电线路是电力工业的大动脉，是电力系统的重要组成部分。

1.1.1　架空输电线路的基本结构

架空输电线路由线路杆塔、导线、绝缘子、线路金具、拉线、杆塔基础、接地装置等构成。

1. 杆塔

杆塔是外形为杆形或塔形的构筑物，用来支持导线、避雷线及其他附件，使导线、避雷线、杆塔彼此保持一定的安全距离，并保证导线对地面、交叉跨越物或其他建筑物等具有允许的安全距离。按所用材质不同有钢结构、木结构和钢筋混凝土结构。通常对木和钢筋混凝土的杆形结构称为杆，塔形的钢结构和钢筋混凝土烟囱形结构称为塔。不带拉线的杆塔称为自立式杆塔，带拉线的杆塔称为拉线杆塔。因缺少木材资源，我国在应用离心原理制作的钢筋混凝土杆及钢筋混凝土烟囱形跨越塔方面有较为突出的成就。

杆塔按用途分为 7 种：

（1）直线杆塔。用符号 Z 表示，用于支持导线、绝缘子、金属重量，可承受侧面风压。直线杆塔的数量约占全部杆数量的 80%以上，结构比较简单，材料消耗量较少，造价较低。

（2）跨越杆塔。用符号 K 表示，用于特殊设施或与公路、铁路、河流、电力、弱电线路交叉跨越，并保证交叉跨越距离符合设计规程的要求。

（3）耐张杆塔。用符号 N 表示，用于承受导线水平张力，以便施工与检修，并在断线，倒塔的情况下限制事故范围。

（4）转角杆塔。用符号 J 表示，用于线路转角地点，分直线转角和耐张转角两种。

（5）T 接杆塔。用符号 T 表示，用于线路分支点。

（6）终端杆塔。用符号 D 表示，是输电线路进出变电站或发电厂的最后或最初一基杆塔。其特点是一侧（线路侧）承受很大导线张力，而另一侧（变电站侧）承受很小的松弛张力。由于杆塔两侧导线、避雷线的不平衡张力很大，所以材料消耗量大、造价高，塔型与耐张塔相似。

（7）换位杆塔。用符号 H 表示，中性点直接接地的电力网中，当长度超过100km 时，为了使各相电感、电容相等，减少对邻近平行通信线路的干扰，以平衡不对称电流而设置的换位杆塔。

2. 导线

导线用于传导电流，输送电能，它通过绝缘子悬挂在杆塔上。导线常年在大气中运行，经常承受拉力，并受风、冰、雨、雪和温度变化的影响，以及空气中所含化学杂质的侵蚀。因此，导线的材料除了应有良好的电导率外，还须具有足够的机械强度和防腐性能。目前在输电线路设计中，架空导线和避雷线通常用铝、铝合金、铜和钢材料做成，它们分别具有电导率高，耐热性能好，机械强度高，耐振、耐腐蚀性能强，质量小等特点。输电线路多采用多股圆线同心绞合而成，中心为机械强度高的钢线，周围是电导率较高的硬铝绞线的钢芯铝绞线。钢芯铝绞线比铜线电导率略小，但是具有机械强度高、质量小、价格便宜等特点。

各种导线和地线的断面结构如图 1-1 所示，常用的有铝绞线、镀锌铝绞线、钢芯铝绞线等。

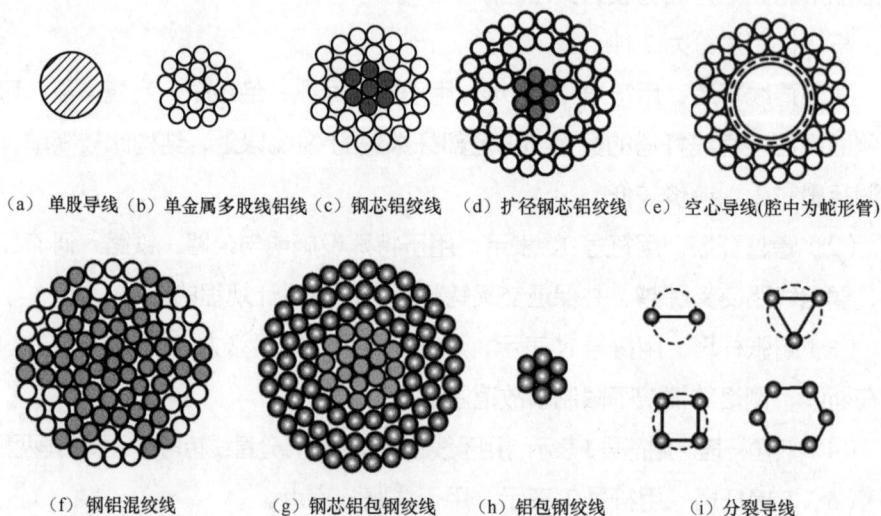

（a）单股导线 （b）单金属多股线铝线 （c）钢芯铝绞线 （d）扩径钢芯铝绞线 （e）空心导线(腔中为蛇形管)

（f）钢铝混绞线 （g）钢芯铝包钢绞线 （h）铝包钢绞线 （i）分裂导线

图 1-1 各种导线和地线的断面结构

国家标准 GB/T 1179—2008《圆线同心绞架空导线》与国际电工委员会标准 IEC 61089:1991《圆线同心绞架空导线》（*Round Wire Concentric Lay Overhead Electrical Standed Conductors*）相同。架空线的型号规格由型号、规格号、绞合结构三部分组成。型号第一个字母均为 J，表示同心绞合；单一导线在 J 后面为组成导线的单线代号，组合导线在 J 后面为外层线（或外包线）和内层线（或芯线）的代号，两者用"/"分开；在代号后可用字母 F 表示涂防腐油结构。规格号表示硬拉圆铝线的导线截面积，单位为 mm^2。绞合结构用构成导线的单线根数表示。单一导线直接用单根根数，组合导线采用前面为外层线根数，后面为内层线根数，中间用"/"分开。绞线常用的单线有硬铝线（L）、高强度铝合金线（LHA1、LHA2）、镀锌钢线（G1A、G1B、G2A、G2B、G3A，其中 1、2、3 分别表示普通强度、高强度、特高强度，A、B 表示镀层普通厚度、加厚）、铝包钢线（LB1A、LB2B、LB2）。如 JL/G1B-500-45/7 表示由 45 根硬铝线和 7 根 B 级镀层普通强度镀锌钢线绞制而成的钢芯铝绞线，硬铝线截面积 500mm^2，查得镀锌钢线的截面积为 34.6mm^2；JG1A-40-19 表示由 19 根 A 级镀层普通强度镀铸钢线绞制成的镀铸钢绞线，相当于 40mm^2 硬铝线的导电性，查得钢绞线的面积是 271.1mm^2。

根据 YB/T 5004—2012《镀锌钢绞线》的规定，钢绞线按断面结构分为 1×3、1×7、1×19、1×37 四种，按公称抗拉强度分为 1270、1370、1470、1570MPa 四级，按钢丝锌层级别分为特 A、A、B 三级。如 1×7-6.0-1370-A-YB/T 5004-2012 表示结构 1×7、直径 6.0mm、抗拉强度 1370MPa、A 级锌层的钢绞线。

在 GB/T 1179—2017《圆线同心绞架空导线》中，架空线的型号规格由材料、结构和标称载流面积三部分组成。材料和结构以汉语拼音的第一个字母大写表示，载流面积单位为 mm^2。例如 LJ-120 表示截面积为 120mm^2 的铝绞线；LGJ-300/50 表示标称截面积为 300mm^2、钢 50mm^2 的钢芯铝绞线；LGJF-150/25 表示标称截面积为铝 150mm^2、钢 25mm^2 的防腐型钢芯铝绞线。根据 GB 9329—1988《铝合金绞线及钢芯铝合金绞线》，LHAJ-400 表示标称截面积为 400mm^2 的热处理铝镁硅合金绞线；LHBGJ-400/50 表示标称截面积铝合金 400mm^2、钢 50mm^2 的钢芯热处理铝镁硅稀土合金绞线。在 GB1179—1974《铝绞线，钢芯铝绞线》中按不同的铝钢截面比，分为正常型（LGJ）、加强型（LGJJ）、轻型（LGJQ）

三种。在高压输电线路中，采用正常型较多。在超高压线路中采用轻型较多。在机械强度高的地区，如大跨越、重冰区等，采用加强型的较多。

钢芯铝绞线由于其抗拉强度大、弧垂小，所以可以使档距放大，特别适用于高压输电线。铝合金线比纯铝线有更高的机械强度，大致与钢芯铝绞线强度相当，但质量比钢芯铝绞线小，因而弧垂减小，档距可放大，可使杆塔基数减少或降低高度，但导电性能比铝线稍差。因此，铝合金线有一定的优越性，但目前在生产上尚有一定困难，故只在个别线路上使用。常用架空线的用途及技术特性比较如表 1-1 所示。

表 1-1　　　　　　　　　常用架空线的用途及技术特性比较

用途	类别	强度	载流量	防腐	允许运行温度	耐振能力	相同载流量单价
普通线路导线	铝合金绞线	一般	高	高	一般	一般	一般
	钢芯铝绞线	一般	较高	一般	一般	一般	一般
	防腐型钢芯铝绞线	一般	较高	高	一般	一般	一般
	铝包钢芯铝绞线	一般	较高	高	一般	一般	一般
	铝合金芯铝绞线	一般	高	高	一般	一般	一般
普通线路地线	钢绞线	高	—	一般	—	高	—
	复合光纤地线（OPGW）	较高	—	高	—	一般	—
大跨越导线	钢芯铝绞线（大钢比）	较高	较高	一般	一般	一般	较高
	高强度钢芯铝合金绞线	高	较高	一般	一般	一般	高
	铝包钢芯合金铝绞线	高	较高	高	一般	一般	高
	防腐型高强度钢芯铝合金绞线	高	较高	高	一般	一般	高
	高强度钢芯耐热铝合金绞线	高	高	一般	高	一般	高
	防腐型高强度钢芯耐热铝合金绞线	高	高	高	高	一般	高
	铝包钢绞线（高电导率）	高	一般	高	一般	一般	较高
大跨越地线	铝包钢绞线	高	—	高	—	高	—
	钢绞线	高	—	一般	—	高	—
	复合光纤地线（OPGW）	较高	—	高	—	一般	—
重覆冰线路	钢芯铝绞线（中钢比）	较高	较高	一般	一般	一般	一般
	钢芯合金绞线	较高	较高	一般	一般	一般	较高
重污染线路	防腐型钢芯铝绞线	较高	较高	高	一般	一般	一般
	铝包钢芯铝绞线	一般	较高	高	一般	一般	一般
增容改造导线	铝合金绞线	一般	高	高	一般	一般	一般
	钢芯耐热铝合金绞线	一般	高	一般	高	一般	较高

此外，还有以下五种特殊用途的导线：

（1）大档距导线。国外大跨越中，要求导线具有特高抗拉强度，采用过硅铜线、镀锌钢线、铝包钢线等。

（2）防腐蚀导线。线路经过海边及污秽地区，为提高导线的抗腐蚀能力，延长使用寿命，制造了各种防腐蚀导线，如镀铝钢线、铝包钢线、钢芯涂防腐油等。北欧一些国家生产钢芯铝线时，钢芯就涂以凡士林进行防腐蚀保护。

（3）自阻尼导线。又称防振导线，加拿大、挪威等国已得到应用，认为它可以提高运行应力而不必加防振措施。

（4）光滑导线。光滑导线由于外径较普通导线略小，可减少导线承受的风和冰荷载，由于表面光滑可减少导线舞动现象。在欧洲，美国，日本都已得到应用。

（5）分裂导线。一般每相 2 根为水平排列，3 根为两上一下倒三角排列，4 根为正方形排列。分裂导线在超高压线路得到广泛应用，220kV 和 330kV 线路多采用二分裂导线，500kV 线路多采用四分裂导线。它除具有表面电位梯度小、临界电晕电压高的特性外，还有以下优点：

1）单位电抗小，其电气效果与缩短线路长度相同；

2）单位电纳大，等于增加了无功补偿；

3）用普通标号导线组成，制造较方便；

4）分裂导线装间隔棒可减少导线振动，实测表明双分裂导线比单根导线减小振幅 50%，减少振动次数 20%，四分裂减少更大。

3. 绝缘子

绝缘子由硬质陶瓷或玻璃、塑料制成用来支持或悬吊导线使之与杆塔绝缘，并使导线与杆塔间不发生闪络，保证线路具有可靠的电气绝缘强度。

绝缘子可分为针式、瓷横担和悬式三类。

（1）针式绝缘子。如图 1-2 所示，针式绝缘子主要用于线路电压不超过35kV，导线张力不大的直线杆或小转角杆塔。其优点是制造简易、价廉，缺点是耐雷水平不高，容易闪络。

（2）瓷横担绝缘子。如图 1-3 所示，瓷横担绝缘子广泛用于 110kV 及以下线路，具有许多显著的优点，如：绝缘水平高；同时起到横担和绝缘子的作用，能节约大量钢材，并能提高杆塔悬挂点高度，可节约线路投资 25%～30%；运行中便于雨水冲洗。

图 1-2　针式绝缘子

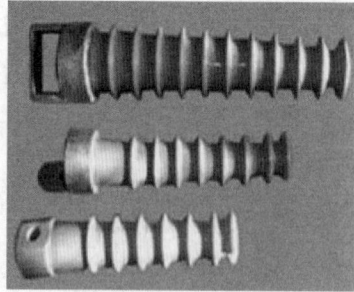

图 1-3　瓷横担绝缘子

（3）悬式绝缘子。用于 35kV 及以上架空线路，通常组装成绝缘子串使用，每串绝缘子的数目与额定电压有关。按其制造材料可分为瓷绝缘子和钢化玻璃绝缘子；按其金属附件连接方式分为球形和槽形。按机电破坏荷载可分为 4、6、7、10、16、21、30t 等 7 个级别。钢化玻璃绝缘子如图 1-4 所示。

图 1-4　钢化玻璃绝缘子

4. 线路金具

连接和组合电力系统中各类装置，以传递机械、电气负荷及起到防护作用的金属附件总称为金具，如图 1-5 所示。金具可用于支持、固定和接续裸导线、导体以及绝缘子连接成串，也可用于保护导线和绝缘体。它的类型繁多，用途各异。

FJZ框架型阻尼间隔棒　　JZF4方型阻尼间隔棒　　JZX4十字阻尼间隔棒　　　ZC型重锤片　　　　悬重锤及其附件

ZC型重垂片　　　　六分裂阻尼间隔棒　　　　FJV均压环　　　　JPL-500N型均压环屏蔽环

JL型均压屏蔽环　　　　FJP均压屏蔽环　　　　TL型线夹　　　　　　TYL T型线夹

TY系列T型线夹　　　　TL、TLS系列T型线夹　　　　TL、TLS双导线引下线T接线夹

SJ软母线间隔棒　　　TJ型跳线间隔棒　　　FJZ型双导线间隔棒　　防盗帽NUT线夹(可调试)　　UT系列线夹(不可调试)

NX系列楔型线夹　　　UL、U型挂环　　　JK铜线卡子　　　PD挂板　　　　花篮螺栓　　　　心形环

图 1-5　各种金具

（1）连接金具。又称挂线零件，用于链接悬式绝缘子成串及金具与金具的连接，承担机械荷载。连接金具可分为球头挂环、碗头挂板、U 形挂环、挂板、拉

杆、U 形螺栓、调整板、牵引板、联板等。

（2）接续金具。接续金具用于接续导线、避雷线、拉线等，承担与导线相同的用电负荷，大部分接续金具承担导线或避雷线的全部张力。接续金具分为钢绞线用接续管、钢芯铝绞线用液压接续管、钢芯铝绞线用爆压接续管、补修管、并沟线夹、预绞丝、跳线线夹等。

当输电导线截面积小于等于 $240mm^2$ 时采用钳接管连接；当截面积大于等于 $300mm^2$ 时采用压接管连接，如用液压或爆压方法连接。接续金具是输电线路中主要隐蔽工程，它直接关系输电线路质量和后续线路动态增容的安全运行，接续金具接续后应满足接续点的机械强度应不小于接续导线计算拉断力的 95%，导线续接处两点之间的电阻不大于同样长度导线的电阻，运行中导线接续处的温升应不大于被接续导线的温升。

（3）固定金具。固定金具将导线固定在绝缘子串上，或将避雷线固定在金具串上，如悬垂线夹、耐张线夹。此外，在超高压线路上为了防止和减少电晕的影响，采用了 XGF 型防晕悬垂线夹。

（4）保护金具。用于保护导线、绝缘子等，如保护绝缘子用的均压环、防止绝缘子串上拔用的重锤及防止导线振动用的防振锤，可分为防振金具和绝缘金具两类。防振金具有防震锤、护线条、阻尼线、补修条、铝包带等，绝缘金具有间隔棒、均压环、屏蔽环、重锤等。

1）间隔棒。使用在分裂导线上，作用是防止导线之间的鞭击，抑止微风振动，抑止次档距振荡。

2）均压环。用于均匀绝缘子上的电压分布，使绝缘子每片承受的电压基本均匀。

3）屏蔽环。用于降低金具上电晕强度。

4）重锤。可以抑制悬垂绝缘子串或跳线绝缘子串摇摆过大、直线杆塔上导线和避雷线被上拔。

5）防震锤。可以减少振动的振幅，从而减少导线的振动。

（5）拉线金具。拉线金具包括从杆塔顶端至地面拉线基础的出土环之间的所有零件（除拉线外），主要用于拉线杆塔拉线的紧固、调整和连接，可分为紧线、调节及连接三类。

5. 拉线和基础

为了节省杆塔钢材,国内外广泛使用带拉线杆塔。拉线一般采用镀锌钢绞线。拉线上端通过拉线抱箍和拉线相连接,下部通过可调节的拉线金具与埋入地下的拉线棒、拉线盘相连接。拉线在杆塔上的布置视杆塔的类型和受力情况而定。直线单杆拉线,对地夹角为 60°,对横担夹角为 45°。拉线在正常大风情况下承受导线风压、杆身风压和导线垂直荷载,在事故断线情况下承受导线的断线张力。直线双杆用的 V 形拉线不能承受导线、避雷线及杆身的风压荷载,只能承受事故断导线时的断线张力。因此使用带拉线杆塔能节约大量钢材。

杆塔基础用于支撑杆塔,承受所有上部结构的荷载,一般受到下压力、上拔力和倾覆力等作用。根据支撑的杆塔类型,分为电杆基础和铁塔基础两类,应结合沿线地质特点、施工条件、杆塔类型等因素综合选择。

6. 接地装置

埋设在基础土壤中的圆钢、扁钢、角钢、钢管或其组合式结构均称为接地装置,如图 1-6 所示。接地装置与避雷线或杆塔直接相连,当雷击杆塔或避雷线时,能将雷电流引入大地,可防止雷电击穿绝缘子串的事故发生。输电线路杆塔接地对电力系统的安全稳定运行至关重要,接地装置必须满足 GB 50169—2016《电气装置安装工程　接地装置施工及验收规范》规定的接地电阻值的要求,如果雷击杆顶或避雷线时,雷电流通过杆塔接地装置入地时接地电阻偏高,就会产生较高的反击电压。从 110~500kV 线路雷害事故调查可以得到证实,由于杆塔接地不良而发生的雷害事故占线路故障的比例相当高,大多原因是接地电阻偏高。杆塔接地电阻偏高的原因是多方面的,既有设计方面的原因,又有施工方面的原因,还有运行维护方面的原因。但外界自然条件,如土壤电阻率较高、地质情况复杂、施工不便是主要原因。如杆塔所在的地方水平放设的地方采用水平外延接地,这种施工费用低,不但可以降低工频接地电阻,还可以有效地降低冲击接地电阻;如地下较深处的土壤电阻率较低,可用竖井式或深埋式接地极。

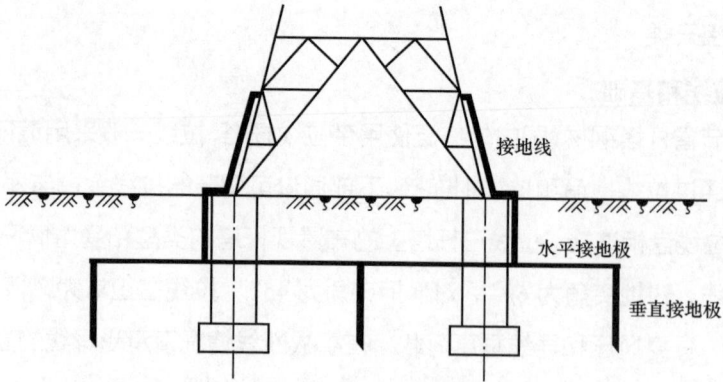

图 1-6　接地装置

7. 避雷线

避雷线也称防雷线，其作用是防止雷电直接击于导线上，并把雷电流引入大地。避雷线悬挂于杆塔顶部，并在每基杆塔上均通过接地线与接地体相连接，如图 1-7 所示。当雷云放电雷击线路时，因避雷线位于导线的上方，可以遮住导线，使雷尽量落在避雷线本身上，并通过杆塔上的金属部分和埋设在地下的接地装置使雷电流流入大地，从而减少雷击导线的概率，起到防雷保护作用。35kV 线路一般只在进、出发电厂或变电站两端架设避雷线，110kV 及以上线路一般沿全线架设避雷线。避雷线通过卡钉固定在电杆上，其下部埋在土壤中，这样就可以保护电杆免受直击雷的攻击了。避雷线一般使用镀锌钢绞线架设，常用的截面积有 25、35、50、70mm² 。导线的截面积越大，使用的避雷线截面积也越大。

图 1-7　避雷线

1.1.2　架空输电线路设计基本知识

正确选择架空输电线路所用的导线,对保证线路的安全经济运行、保证供电质量等有着至关重要的影响,而且关系到降耗节能,还关系到线路消耗金属材料的数量和线路投资。架空输电线路导线的截面积与经济有密切的关系,导线截面积的合理选择会对电力系统的经济效益及技术指标产生重大的影响。如果截面积过大,不仅会增加建设成本,还会增加有色金属的消耗量,造成资源浪费;如果截面积过小,会造成输送容量过小,不能满足当地经济发展对电能的需要。当然,导线的截面积增加使导线的性能更好,这就存在一个导线截面积的最佳选择的问题。经济电流密度是输电线路规划设计阶段选择导线截面积的一个重要参考依据。一般导线选型先按经济电流密度初选导线截面积,再按允许电压损失、发热、电晕等条件校验。大跨越的导线截面积宜按允许载流量选择,并应通过技术经济比较确定。

1.　经济电流密度的概念

导线截面积越大,线路的功率损耗和电能损耗越小(即年运行费用越小),但是线路投资和有色金属消耗量都要增加;反之,导线截面积越小,线路投资和有色金属消耗量越少,但是线路的功率损耗和电能损耗却要增大(即年运行费用越大)。综合以上两种情况,使年运行费用达到最小、初始投资费用又不过大而确定的符合总经济利益的导线截面积称为经济截面积,用 A_{ec} 表示。对应于经济截面积的导线电流密度称为经济电流密度,用 J_{ec} 表示。

DL/T 5222—2021《导体和电器选择设计技术规定》中规定 3～500kV 导体的经济电流密度公式为

$$J=\frac{I_{\max}}{S_{ec}}=\sqrt{\frac{A}{\dfrac{F\rho_{20}B\times[1+\alpha_{20}(\theta_{m}-20]}{1000}}} \qquad (1-1)$$

$$CT=CI+I_{\max}^{2}RLF \qquad (1-2)$$

$$F=\frac{N_{p}N_{c}\times(\tau P+D)\times\Phi}{1+i/100} \qquad (1-3)$$

$$\Phi = \sum_{n=1}^{N} (r^{n-1}) = \frac{1 - r^N}{1 - r} \tag{1-4}$$

$$r = \frac{(1 + a/100)^2 \times (1 + b/100)}{1 + i/100} \tag{1-5}$$

$$R = \rho_{20} B K_1$$

其中 $$B = (1 + Y_p + Y_s)(1 + \lambda_1 + \lambda_2)$$

$$K_1 = 1 + \alpha_{20}(\theta_m - 20)$$

$$\tau = 0.85T$$

式中　J ——导体的经济电流密度，A/mm²；

　　　A ——与导体尺寸有关的单位长度成本的可变部分，元/（m·mm²）；

　　S_{ec} ——导体的经济截面积，mm²；

　　I_{max} ——第一年导体最大负荷电流，A；

　　　R ——单位长度的交流电阻，Ω/m；

　　ρ_{20} ——20℃下的电阻率，Ω.mm²/m；

　　　B ——导体损耗系数；

　　　Y_p ——集肤效应系数；

　　　Y_s ——邻近效应系数；

　　　λ_1 ——金属护套的损耗系数；

　　　λ_2 ——铠装的损耗系数；

　　　K_1 ——温度系数；

　　α_{20} ——导体材料20℃下电阻的温度系数，1/℃；

　　　θ_m ——平均导体运行温度，℃；

　　　N_p ——每回路相线数目；

　　　N_c ——传输同样型号和负荷值的回路数；

　　　τ ——最大负荷损耗时间，h；

　　　T ——最大负荷利用时间，h；

　　　i ——贴现率；

N ——经济寿命，a；

a ——负荷增长率；

b ——能源成本增长率；

D ——由于线路损耗额外的供电容量的成本，元/（kW·a）；

CI ——导体本体及安装成本，元；

CT ——导体总成本，元；

P ——在相关电压水平上 1kWh 的成本，元/kWh；

F ——由式（1-3）定义的辅助量；

Φ ——由式（1-4）定义的辅助量；

r ——由式（1-5）定义的辅助量。

架空输电线的经济电流密度曲线如图 1-8 所示。

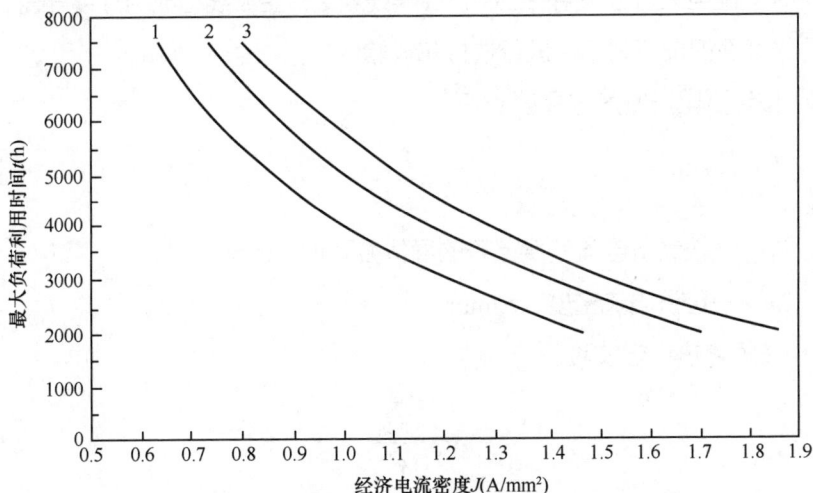

图 1-8　经济电流密度
1—导线为 LJ 型（10kV 及以下导线）；2—导线为 LGJ 型（10kV 及以下导线）；
3—导线为 LGJ、LGJQ 型（35～220kV 及以下导线）

2. 导线的选择

架空输电线路应根据环境条件（环境温度、日照、风速、污秽、海拔）和回路负荷电流、电晕、无线电干扰等条件，确定导线的截面积和结构形式。

一般情况下，在空气中含盐量较大的沿海地区或周围气体对铝有明显腐蚀的场所，应尽量选用防腐型铝绞线。当负荷电流较大时，应根据负荷电流选择较大截面积的导线。当电压较高时，为保持导线表面的电场强度，导线最小截面积必须满足电晕的要求，可增加导线外径或每相导线的根数。对于 220kV 及以下的线路，电晕对选择导线截面积一般不起决定作用，故可根据负荷电流选择导线截面积，导线的结构形式可采用单根钢芯铝绞线或由钢芯铝绞线组成的复导线。对于 330kV 及以上的配电装置，电晕和无线电干扰是选择导线截面积和导线结构形式的控制条件。扩径导线具有单位质量小、电流分布均匀、结构安装上不需要间隔棒、金具连接方便等优点，而且没有分裂导线在短路时引起的附加张力，故 330kV 中的导线宜采用空心扩径导线。对于 500kV 配电装置，单根空心扩径导线已不能满足电晕等条件的要求，而分裂导线虽然具有导线拉力大、金具结构复杂、安装复杂等缺点，但因它能提高导线的自然功率和有效降低导线表面的电场强度，所以 500kV 配电装置宜采用由空心扩径导线或铝合金绞线组成的分裂导线。

导线截面积按下列条件进行选择和校验：

1）按经济电流密度选择截面积。

$$S_{\mathrm{J}} = \frac{I_{\max}}{J} \qquad (1\text{-}6)$$

式中　S_{J}——按经济电流密度计算的导体截面积，mm^2；

　　　　J——经济电流密度，$\mathrm{A/mm}^2$。

2）按短路热稳定校验。

$$S \geqslant \frac{\sqrt{Q_{\mathrm{d}}}}{C} \qquad (1\text{-}7)$$

式中　S——裸导体载流截面积，mm^2；

　　　　Q_{d}——短路电流的热效应，$\mathrm{A}^2\mathrm{S}$；

　　　　C——热稳定系数，按表 1-2 取值。

表 1-2　　　　　　　　　不同工作温度、不同材料下的 C 值

工作温度（℃）	50	55	60	65	70	75	80	85	90	95	100	105
硬铝及铝镁合金	95	93	91	89	87	85	83	81	79	77	75	73
硬铜	181	179	176	174	171	169	166	164	161	159	157	155

3）按电晕电压校验。110kV 及以上电压的线路应以当地气象条件下晴天不出现全面电晕为控制条件，使导线安装处的最高工作电压小于临界电晕电压，即

$$U_g \leqslant U_0 \tag{1-8}$$

$$U_0 = 84 m_1 m_2 K \delta^{\frac{2}{3}} \frac{n r_0}{K_0} \left(1 + \frac{0.301}{\sqrt{r_0 \delta}} \right) \lg \frac{a_{jj}}{r_d} \tag{1-9}$$

$$\delta = \frac{2.895 p}{273 + t} \times 10^{-3} \tag{1-10}$$

$$K_0 = 1 + \frac{r_0}{d} 2(n-1) \sin \frac{\pi}{n} \tag{1-11}$$

式中　U_g——回路工作电压，kV；

$\quad\quad U_0$——电晕临界电压（线电压有效值），kV；

$\quad\quad K$——三相导线水平排列时考虑中间导线电容比平均电容大的不平均系数，一般取 0.96；

$\quad\quad K_0$——次导线电场强度附加影响系数，双分裂水平排列时为 $1+2r_0/d$，三分裂正三角形排列时为 $1+3.46r_0/d$，三分裂水平排列时为 $1+3r_0/d$，四分裂正四角形排列时为 $1+4.24r_0/d$；

$\quad\quad n$——分裂导线根数，对单根导线 $n=1$；

$\quad\quad d$——分裂间距，cm；

$\quad\quad m_1$——导线表面粗糙系数，一般取 0.9；

$\quad\quad m_2$——天气系数，晴天取 1.0，雨天取 0.85；

$\quad\quad r_0$——导线半径，cm；

$\quad\quad r_d$——分裂导线等效半径，cm，单根导线时 $r_d = r_0$，双分裂导线时 $r_d = \sqrt{r_0 d}$，三分裂导线时 $r_d = \sqrt[3]{r_0 d^2}$，四分裂导线时 $r_d = \sqrt[4]{r_0 \sqrt{2} d^3}$；

$\quad\quad a_{jj}$——导线相间几何均距，三相导线水平排列时 $a_{jj} = 1.26a$；

$\quad\quad a$——相间距离，cm；

$\quad\quad \delta$——相对空气密度；

$\quad\quad p$——大气压，Pa；

t ——空气温度，℃，$t=25-0.005H$；

H ——海拔，m。

海拔不超过 1000m 的地区，在常用相间距离情况下，如导体型号或外径不小于表 1-3 所列数值时，可不进行电晕校验。

表 1-3　　　　　　可不进行电晕校验的最小导体型号及外径

电压（kV）	110	220	330	500
软导体型号	LGJ-70	LGJ-300	LGKK-600、2×LGJ-300	2×LGKK600、3×LGJ500
管型导体外径（mm）	20	30	40	60

4）按电晕对无线电干扰校验。变电站无线电干扰主要是由电晕和火花放电产生的，干扰对象主要是收音机和收信台，对电力载波也有影响。但因载波通信设计时就已考虑到电晕干扰引起的高频杂音，自身有效信号较强，不会成为变电站无线电干扰的控制条件。

按无线电干扰水平校验导线，当三相水平排列、干扰频率为 1MHz 时，变电站围墙外 20m 处（非出线方向）无线电干扰值应不大于 50dB。各种电气设备的综合干扰水平，距围墙 20m 处不应大于导线的干扰水平，干扰电压不应大于 2500μV。对于分裂导线，无线电干扰的计算公式采用与标准线路相比较的对比法。标准线路导线最大表面场强为 12.2kV/cm，对于 500kV 配电装置三相导线均采用水平布置，其中相导线的电晕无线电干扰计算公式为

$$N = (3.7E - 12.2) \pm 3 + 40\lg\frac{d}{2.53} + 40\lg\frac{h}{D_1} \qquad （1-12）$$

$$E = \frac{18cU_{\mathrm{m}}k}{nr_0\sqrt{3}} \qquad （1-13）$$

$$C = 1.07C_{\mathrm{pj}} = 1.07 \times \frac{0.024}{\lg\dfrac{1.26D}{r_{\mathrm{d}}}} \qquad （1-14）$$

式中　N ——分贝数，dB；

E ——导线最大表面场强，kV/cm；

C——导线电容，取中相值，$\mu F/km$；

U_m——最高线电压，kV；

12.2——标准线路导线最大表面场强，kV/cm；

± 3——标准偏差；

$40\lg\dfrac{d}{2.53}$——一次导线直径不同时干扰值的修正量；

d——一次导线直径；

$40\lg\dfrac{h}{D_1}$——导线下测点的距离对干扰值的修正量；

h——导线最低点对地高度，cm；

D_1——测点至导线斜距，cm，$D_1 = \sqrt{x^2 + h^2}$；

x——计算点至边相导线水平距离，cm；

k——中相导线场强比平均场强大的系数；

C_{pj}——导线电容的平均值，$\mu F/km$。

在超高压输电线路中，如果单根软导线或扩径导线满足不了大的负荷电流及电晕、无线电干扰要求，则采用分裂导线比较经济。分裂导线材料可选用普通的钢芯铝绞线、耐热铝合金绞线及其他型号的软导线。

分裂导线的分裂形式可根据负荷电流的大小和电压高低分为水平双分裂、水平三分裂、正三角形分裂、四分裂等。水平三分裂导线比正三角形排列的载流量约低 6.5%，而导线表面最大电场强度约高 4.5%，但金具连接较简单。因此国外有些 500kV 线路只在载流量相对较小、T 接引下线较多的进出线回路中采用三分裂水平排列方式，对于载流量较大的则采用三分裂正三角形排列方式。

不同排列方式的分裂导线，由于存在邻近热效应，故分裂导线载流量应考虑其导线排列方式、分裂根数、分裂间距等因素的影响，导线实际载流量计算公式为

$$I = nI_{xu}\frac{1}{\sqrt{B}} \tag{1-15}$$

$$B = \left\{1 - \left[1 + \left(1 + \frac{1}{4}Z^2\right)^{-\frac{1}{4}} + \frac{10}{20 + Z^2}\right] \times \frac{Z^2 d_0}{(16 + Z^2)d}\right\}^{-\frac{1}{2}} \tag{1-16}$$

$$Z = 4\pi\, \lambda \frac{s}{\rho+1} \tag{1-17}$$

式中 B ——邻近效应系数；

  s ——次导线计算截面积，mm^2；

  d_0 ——次导线外径，cm；

  ρ ——绞合率，一般取 0.8；

  n ——每相导线分裂根数；

  I_{xu} ——单根导线长期允许工作电流，A；

  λ ——次导线 $1cm^2$ 的电导率，铝导线为 3.7×10^{-4}；

  d ——分裂导线的分裂间距，cm。

1.2 架空输电线路动态增容技术概述

1.2.1 架空输电线路动态增容背景

当前，我国特高压技术和工程、电力系统智能化建设、分布式能源发展等不断取得新进展，以光伏、风电为代表的新能源发电也取得了巨大成就。我国电力系统正处于新增装机以新能源为主体的发展阶段，截至 2020 年年底，我国风电、光伏发电装机占总发电装机的 24.3%；到 2035 年前，我国将实现新能源装机为主体、占比超过 50%；到 2060 年前，新能源发电量占比有望超过 50%，实现新能源发电量为主体。新型电力系统具有"三高双峰"（高比例新能源、高比例电力电子装备、发电和用能高自由度，夏季用电高峰、冬季用电高峰）的运行特征，并而且新能源出力具有波动性和间歇性，所以新能源发电集中送出地区对电网安全稳定带来了前所未有的挑战。

输电线路在设计时，往往以可能出现的最恶劣天气条件的保守静态热稳定（static thermal rating，STR）值来设计，但是这样恶劣的天气情况很少发生。利用 STR 作为调度的参考依据，导致很多情况下输电线路输送能力利用不足和效率的不合理应用，造成运行方式难以选择、设备检修计划难以安排。随社会经济的持续快速发展，负荷集中地区（如长江三角洲、珠江三角洲）

的用电负荷不断攀升，500kV 电网的许多输电线路均大负荷运行，输电能力"卡脖子"问题非常突出。目前随着 500kV 主网架的加强，暂态稳定已不再是制约输电能力的主要因素，反而是并列运行的输电线路在正常运行方式下（特别是在 $N-1$ 运行方式下）潮流超过 DL/T 741—2019《架空输电线路运行规程》等规程规定的设备热稳定水平，为确保设备不因过载而跳闸，不得不在正常运行方式下严格控制其输电功率。因此，提高 500kV 线路的热稳定水平是提高经济发达地区 500kV 主网架输电能力的关键所在。目前部分 500kV 线路的输送容量被热稳定水平限制，并严重制约了系统内的容量输送，建设新的线路走廊不仅投资巨大、建设周期长，而且在用地紧张的苏南、浙江、上海等大中城市附近开辟新的线路走廊难度较大，因此如何科学、安全地提高现有输电线路的输送容量，成为这些地区电网公司迫切需要研究的课题。

随着社会用电需求和可再生能源渗透率的不断提升，从可持续发展和环境保护两方面出发，挖掘现有输电线路的潜力、提升输电系统的传输能力，对确保电网安全、经济、可靠运行具有重要的意义。输电线路动态增容技术作为一种有效提升输电线路输送能力和整合可再生能源的手段，通过在输电线路上安装在线检测装置，对导线状态（导线温度、张力、弧垂等）和气象条件（环境温度、日照、风速等）进行监测，在不突破现行技术规程的前提下，根据数学模型计算出导线允许的最大载流量，有效、安全地增加线路短期输电容量，以满足供电需要。输电线路动态增容技术可增加架空线路短时传输功率流量，提高系统灵活性，且无需提高输电电压等级或架设新的输电线路，无论是从提高供电可靠性角度，还是从延缓建设投资的效益分析，都有良好的经济和社会效益。

随着无线传感、企业中台、智能感知等技术应用的发展，电力设备在线监测水平不断提升，功耗小、运行稳定、维护简便的在线监测新产品不断涌现，设备智能感知、全景展示、精准评价、主动预警和智能研判水平不断提高，为开展输电线路动态增容奠定了坚实的基础，动态增容技术也较之前有了长足的发展，具备实施的前提条件。目前，浙江电网已经逐步完成了多条 220kV 瓶颈线路动态增容改造，初步建成了"前端实时采集—后台实时计算—调度实时调用"输电线路动态增容规模化应用场景，有效缓解了湖州、嘉兴、宁波、台州、温州等地区供电能力不足问题。

1.2.2 国外输电线路动态增容技术及应用

导线动态增容系统最早是由美国提出的，线路动态增容就是根据数学模型计算出导线在规定条件下的最大允许载流量，充分利用线路客观存在的隐性容量，提高输电线路的输送容量。20世纪70年代，美国电力研究学者威廉·莫里斯·戴维斯等首次提出了动态热定值概念（dynamic thermal rating，DTR），DTR的核心计算以实时环境气象数据及导体特性参数为输入值，输出值为导线载流量。该理论基于数据采集与监视控制系统，借助电力数据采集与监视控制系统（supervisory control and data acquisition，SCADA）采集气象数据、导体温度等信息，是一种辅助智能电网规划和运行决策的有效技术。但由于实时天气条件的随机变化性和气象预报的误差，DTR的数值具有很大的波动性，依赖于大量传感器的部署，导致实施成本较高、设备要求严格。

20世纪80年代，美国电力研究协会（Electric Power Research Institute，EPRI）继续深入研究DTR理论，最早进行基于气象条件的输电线路动态热容等级模型方案研究（dynamic thermal circuit ratings，DTCR），即利用实时（或接近实时）的信息，建立输电设备的动态的、精确热容等级，旨在提高输电线路的安全运行水平。热容等级限定了保证输电设备不超过其热容极限所能承载的最大负荷。1996年，EPRI开发出一种确定线路容量的监测系统，该系统包括一个计算机模块，内含变压器、电缆、架空线路、隔离开关等设备的热模型。其基本工作流程为：

1）监测、收集输电线的电流值及周围的环境数据，包括日照、大气温度、风速、风向等；

2）利用上述测量数据及导线自身属性，通过输电线热容模型计算出导线的稳态温度及动态温度；

3）根据影响输电线路安全运行的各类判据计算出线路最大传输容量等级，此容量等级可以作为调度员制定调度决策的依据。

DTCR安装现场如图1-9所示。美国SRP（Salt River Project）公司曾在2条线路上使用了DTCR技术，使得该公司新建线路的计划推迟了5年，至少节省了约900万美元。

图 1-9　DTCR 系统安装现场

美国 Nexans 公司开发了 CAT-1 型实时输电线路限额系统（realtime transmission line rating system），其核心技术是通过直接测量导线应力，再根据环境温度等气象条件对线路可用容量做出实时估计。应力测量装置测量出耐张段内各档距内的弧垂和导线平均温度，使测量计算结果更加准确。安装 CAT-1 系统的输电线路在全年 90% 以上的时间可以多输送容量 10%～30%，尤其在迎峰度夏期间使用该系统效果更明显。CAT-1 型系统的安装现场如图 1-10 所示。

（a）CAT-1 型系统　　　　　　　　（b）张力传感器
图 1-10　CAT-1 型系统安装现场

美国 Promethean Devices 公司首次研制出一个 RT-TLMS 型非接触式实时监测系统，用于监测导线的温度与电流值，其原理示意图如图 1-11 所示。该系统通过非接触式测量解决了通常需要停电安装温度或张力传感器，导致安装时间受到很大限制的问题。非接触式导线动态增容装置经过校准后，导线温度精度可以达到±3.5°，电流测量精度可以达到 0.5%，测量精度大大提高。

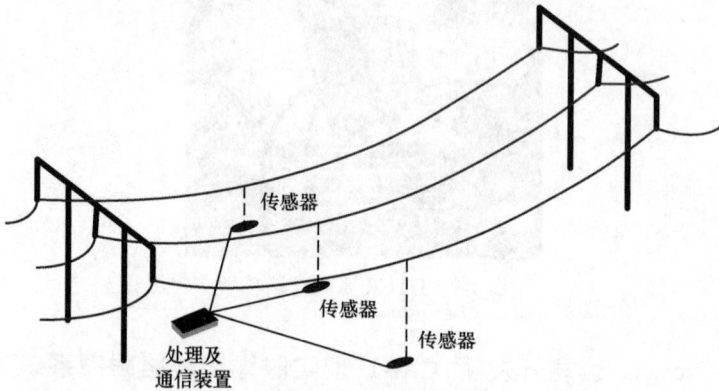

图 1-11　非接触型导线增容装置原理示意图

美国 USI（Underground System Inc.）公司开发了一套 Power Donut2™输电线路测温及增容系统。系统现场安装如图 1-12 所示，即基于自取电式环形导线温度监测装置，配合附属微气象系统，组成一套动态增容系统。

（a）自取电导线测温装置　　　　　　（b）微气象系统

图 1-12　基于自取电装置的导线测温及线路动态增容系统

1.2.3　国内输电线路动态增容技术及应用

近年来，我国电力研究院、电力公司和高校亦相继开展了输电线路动态监测增容技术和线路动态增容装置的研究，并在一些线路上进行了实际应用。

华东电力试验研究院是国内最早进行输电线路动态增容系统研究和应用的科研单位之一，早在 2003 年就开始了线路增容的相关研究，2005 年进行了输电线路动态增容系统的实用性研究工作，在一年中最热的 3 个月运行环境连续监测数据的基础上，提出了"限额条件下的安全时间"和"限定时间内的安全限额"两种实用的动态增容方法。

上海交通大学对 DTCR 的概念及作用机理、DTCR 系统模型、系统构架方案进行了研究和论述，将 DTCR 系统模型主要分为基于气象因素的输电线电流/温度模型 WCTM（weather based current-temperature model）和安全性判据两方面的内容，并基于研究成果建立基于气象信息的线路动态增容系统。

西安金源电气股份有限公司开发了基于气象和导线（金具）温度监测的线路动态增容系统，如图 1-13 所示。整个系统主要由监测主站、塔上数据监控终端、数据采集单元及供电系统四大部分组成。该系统在需要监测的输电线路导线（金具）上安装温度采集单元，实时采集导线（金具）上的温度，经过数据处理后通过小功率射频模块将数据上传至塔上监测主机。各输电线路的相应杆塔上安装一塔上主机（环境气象参数监测单元），铁塔上的监测主机接收本塔所辖各测温单元无线上传的导线（金具）温度数据，同时可对该塔所在微气象区的日照、风速、风向、环境温度、湿度、雨量（可选）、大气压力（可选）等参数进行实时采集，实现自身工作状态的维护与调整。塔上监测主机负责将导线温度及环境气象参数等所有数据压缩打包后通过联通/移动等公共网络或光纤、无线中继等通信方式将数据传送至状态监测代理装置或状态监测主站。

图 1-13　输电线路动态增容系统安装现场

杭州海康雷鸟信息技术有限公司开发和生产的输电线路温度在线监测装置提供了在线直接测量导线或导线接头温度的新方法，装置采用球形结构、线路电流产生的感应电源、进口数字式温度传感器、GSM/GPRS 通信模式、多层屏蔽与密封等多项新技术，确保装置能在高压电场和高低温等恶劣天气环境下可靠工作。该装置外形及安装现场如图 1-14 所示。

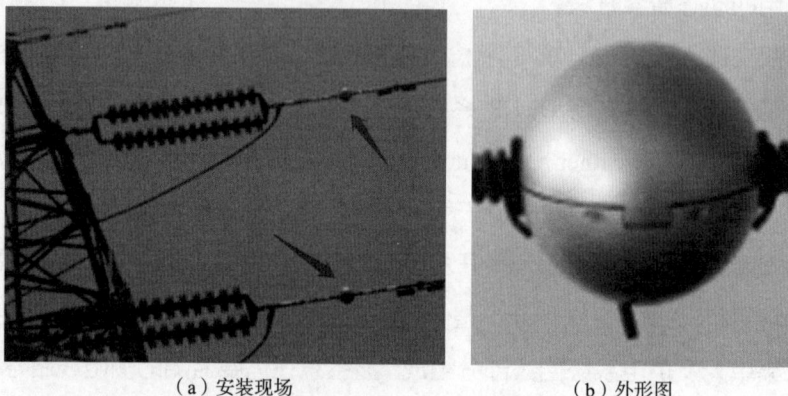

（a）安装现场　　　　　　　　　（b）外形图

图 1-14　导线温度测量装置外形及安装现场

1.2.4　输电线路动态增容的主要应用场景

现有的输电线路动态增容技术已经应用于新能源发电并网、电网迎峰度夏、缓解新建线路走廊资源紧张以及为了提高供电可靠性需要提升线路输送能力等场景。

1.　新能源发电并网应用

在新能源领域，风电技术的发展较快、规模较大、技术较为成熟，不少国家都建立了大规模风电场。风电装机和储量的预测相对较难，集中送出通道的容量不易预计。英国针对波士顿到斯凯格内斯的 132kV 风电场送出线路采用动态增容技术，取得了较好的运行业绩。

系统主要依据导线温度进行动态增容，同时与依据气象测量数据增容结果做对比，2008 年 10 月 20 日的运行数据如图 1-15 所示。

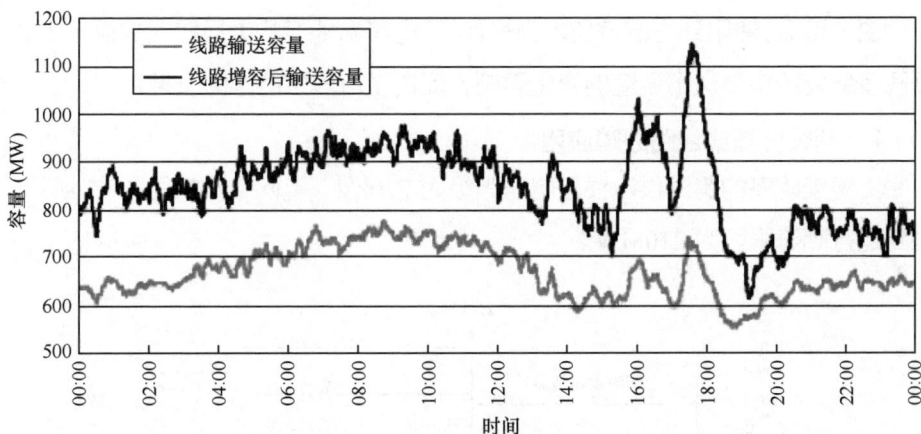

图 1-15　英国某风电场并网线路采用动态增容系统的线路输电容量实时变化曲线

从图 1-15 可以看出，根据实测气象数据计算的理论线路容量一直超过根据导线温度计算的容量，使输电通道多送了 20%～50%，实现了较好的经济效益。

英国对风电场送出线路实施动态增容的网络结构可以归结为电源限制型网架，增容的比例受电源的调节能力限制。为了实现动态增容，该系统采用风力发电机组与增容系统反馈闭环，其基本结构如图 1-16 所示。

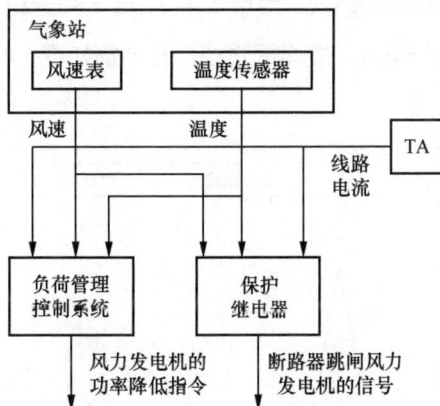

图 1-16　英国某风电场动态增容系统基本结构示意图

从图 1-16 可以看出，英国在进行动态增容时充分考虑了系统运行的需求，将风速、温度和导线电流数据发送给负荷控制系统和安控（保护）系统，使得动态增容系统成为电网控制系统的一个组成部分，从而实现了动态增容系统的安全应用。

由上可见，使用动态增容技术为光伏、风电等新能源的大量接入提供了支撑，缓解了新能源集中送出通道的容量限制，促进了可再生能源的发展。

2. 迎峰度夏或线路故障应用

上海崇明岛的跨海供电线路电压等级为 220kV，电网结构如图 1-17 所示，线路运行潮流限额为 210MW。

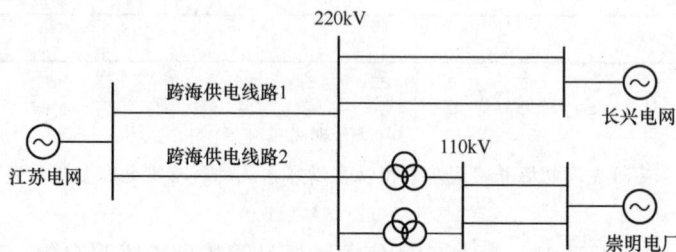

图 1-17　上海崇明电网结构示意图

某年 7 月迎峰度夏自第一波热浪侵袭以来，该地区负荷不断攀升，并屡创历史新高。期间崇明电厂某号锅炉又故障熄火，出力陡减 55MW，崇明岛受电压力倍增。为了不拉电、不限电，国网崇明供电公司在采用静态增容的基础上，及时采用动态增容技术，投入实时动态增容系统。当年 7 月 27 日～8 日 2 日期间的导线温度、气温、太阳辐射强度、运行电流、安全限额统计和计算如图 1-18～图 1-20 所示。

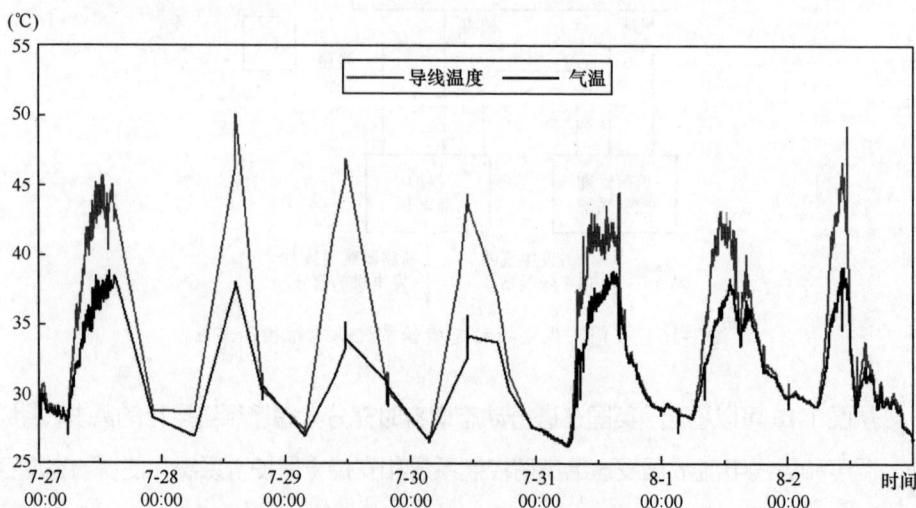

图 1-18　某年 7 月 27 日～8 日 2 日期间上海崇明电网跨海线路实测导线温度和气温变化曲线

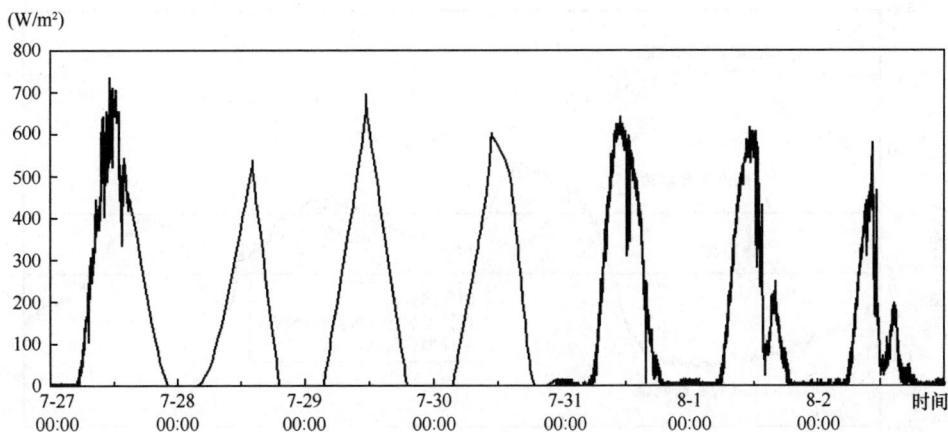

图 1-19　某年 7 月 27 日～8 日 2 日期间上海崇明电网跨海线路导线太阳辐射强度变化曲线

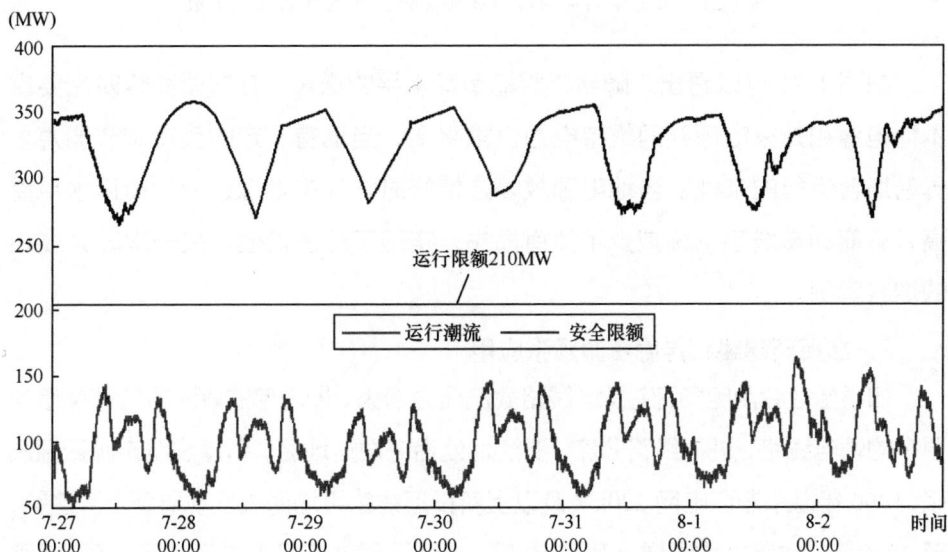

图 1-20　某年 7 月 27 日～8 日 2 日期间上海崇明电网跨海导线运行潮流和安全限额

图 1-20 中可见尽管在该时间段内环境条件较为恶劣，最高气温接近 40℃，增容线路的安全限额最低值为 265MW，仍大于该线路的正常运行限额 210MW。

图 1-21 所示为崇明电网跨海线路某典型日实施动态增容线路实时潮流、原限额、静态增容限额、动态实时限额示意图，仅此一天累计增加输送容量 511MWh，累计增容时间 13.5h。

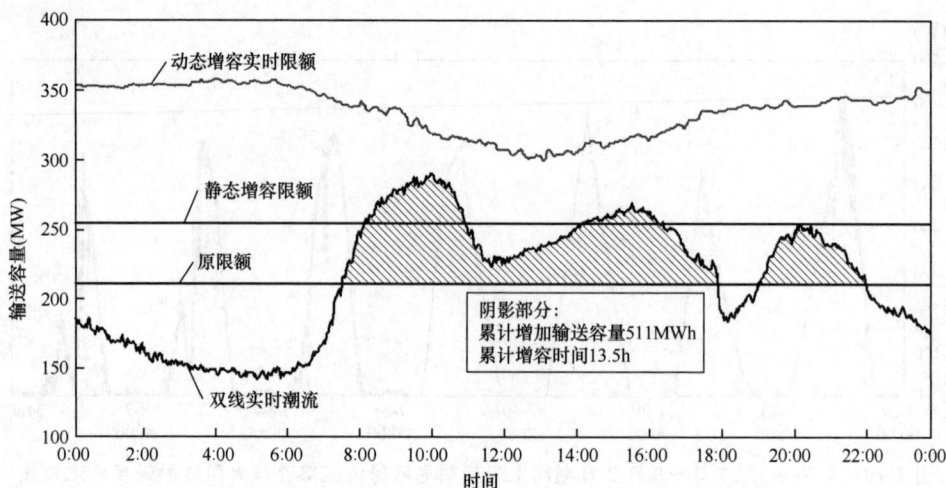

图 1-21　上海崇明电网跨海线路某典型日运行潮流及限额

由图 1-21 可以看出，随着崇明岛负荷水平的增长，在夏季高峰时需要靠本地电源和外来电源共同维持电力供求平衡，当地有一定的负荷调节能力，具备增容运行的条件。当地电源故障或检修时，外来电源通道的负荷水平增高，依靠动态增容系统减少了负荷损失，实现了经济价值，是一次较为成功的增容案例。

3. 缓解新建线路走廊资源紧张应用

如果全社会用电负荷过大，线路载流压力增大，最简单的解决方法就是修建更多的输电线路，进行线路分流。浙江地处沿海发达地区，新建线路走廊资源紧张，1990 年以来浙江电网 220kV 及以上新投运线路平均海拔呈现显著上升趋势，至 2020 年，线路平均海拔上升了 10 倍，说明平原地区已无走廊可用，新建线路不断被迫向高海拔山区迁移。依靠增量支撑发展的模式已难以为继，电网发展模式必须由技术导向路线向经济导向路线转变。因此，浙江电网创新提出在不改变电网物理形态的前提下，通过应用"大云物移智链"等技术手段赋能电网，从根本上改变电网运行机理，充分发挥现有输电线路的载流能力，增大现有线路的输电能力以提高电网安全水平和运行效益，一方面解决电力输送瓶颈问题，另一方面在很大程度上节约土地资源。

在实现输电线路动态增容过程中，浙江电网在多条架空线路前端加装加微气象、导线精灵等多功能小型监测装置。导线精灵可实现导线温度/图像一体化监测，并提供高清视频，还可以测量导线交流电阻。装置通过 4G 传输方式向中心站发送监测图像、小视频、传感器和状态信息等数据，实时获取线路运行工况（导线温度、导线弧垂等）和环境参量（温度、风速等）。应用线路载流能力动态核算与评估软件和电力设备运维效能指标评估软件，开展线路的载流量与弧垂、电流、温度等因素的分析计算，最终实现架空线路的载流能力实时监测，提升线路调度的动态输送能力，并在智能管控平台融合展示。

2020 年 5 月，由于气温走高、企业复工等因素导致浙江用电负荷持续攀升。同期宁波市北仑地区 500kV 春晓变电站作为当地的主要电源，为配合甬港输变电工程建设，其 2 号主变压器与某一出线同时停电。为避免春晓变电站 3、4 号主变压器同时失电造成春晓变电站全停，需通过 220kV 天咸线和天祥线合环形成电磁环网运行。但是春晓变电站区域负荷有 95.6 万 kW，而春晓变电站 3、4 号主变压器与天咸线、天祥线稳定限额为 88 万 kW，存在 7.6 万 kW 的供电缺口，必须要解决线路限载能力来填补供电缺口。为此，浙江电网对天咸线和天祥线进行动态增容，通过加装线路运行状态监测设备实时了解线路运行状态，在保障电网安全稳定运行的同时提升电网运行效率。数据显示，两条线路短时最大载流能力动态提升到 1565A，相较"40℃、微风"环境下的短时最大载流值 1294A，输送能力提升 20.1%。

目前浙江电网已经完成了多条 220kV 瓶颈线路动态增容改造，初步建成了"前端实时采集–后台实时计算–调度实时调用"输电线路动态增容规模化应用场景，有效缓解嘉兴、舟山、湖州、宁波、金华局部供电能力不足问题。

4. 提高输电线路的利用率和传输效率应用

据气象统计资料，华东某地区年均气温为 13.6～16.1℃，夏季平均气温为 25.9℃，冬季平均气温为 3℃；该地区年平均风速可达 5.0m/s 以上，架空输电线路运行气象环境条件优于规程计算条件，因此具备动态增容运行能力。图 1-22 所示为华东某地区某 500kV 架空线路 2022 年 9 月 8 日的运行负载、计算最大稳态电流（按照风速为 0.5m/s 进行计算）、导线温度、监测点环境温度变化曲线。

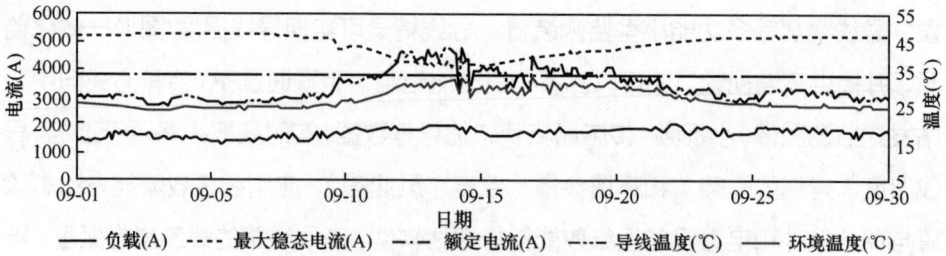

图 1-22 华东某地区某 500kV 架空线路运行曲线

由图 1-22 可知，在监测时间范围内，500kV 线路最大运行电流为 1998.46A（2022/9/8 17:30:00），负载率为 52.3%，处于中载运行状态，环境温度为 30.62℃，等效风速 4.09m/s（按照风速为 0.5m/s 进行计算），日照强度 90W/m²，导线表面温度为 32.923℃，此时该线路最大安全运行电流为 5009.26A，仍然有 3010.8A 的安全运行空间；最小运行电流为 1460.04A（2022/9/8 3:35:00），处于轻载运行状态，环境温度为 26.623℃，等效风速 0.99m/s（按照风速为 0.5m/s 进行计算），日照强度 0W/m²，导线表面温度仅为 29.485℃，此时该线路最大安全运行电流为 5247.72A，相较于当前运行负荷线路增容运行潜力巨大。

在监测时间范围内，该线路最大安全运行稳态电流均大于线路运行负载。在 2022/9/8 12:00:00 时刻，500kV 线路过载能力最弱，为 4127.5A，但仍高于静态载流量限额（3824A），过载能力弱的原因为此时线路所处的环境温度（32.91℃）相对较高，等效风速 4.15m/s（按照风速为 0.5m/s 进行计算），光照 1134W/m²，由此可见当环境条件恶劣时，线路运行能力仍然高于规程规定的静态载流量限额；在 2022/9/8 2:05:00 时刻，500kV 线路过载能力最强，达到了 5280.54A，为静态载流量限额的 1.38 倍，此时的环境条件相对有利于导线散热，环境温度 25.91℃、等效风速 4.26m/s（按照风速为 0.5m/s 进行计算），光照 0W/m²。

通过输电线路动态增容系统统计分析历史数据可知，在 90% 的监测时间段内最大安全运行电流均大于 4266.97A，在 80% 的监测时间段内最大安全运行电流均大于 4503.87A，相较于静态限值 3824A，增容空间分别达到了 11.58% 和 17.78%，即 500kV 线路在 90% 的运行时间范围内增容空间大于 11.58%，在 80%

的运行时间范围内增容空间大于 17.78%，增容运行空间较为显著。

可见，随着负荷用电量不断增长，通过合理采用动态增容技术，有助于充分利用现有输电设备的输送能力，提高输电线路的利用率和传输效率，降低电网企业运营成本，保证电力的可靠供应。

第 2 章

架空输电线路输电能力基本理论

2.1 导线允许载流量计算基本原理

很多国家和机构提出了关于输电线路载流量计算方法的标准，主要包括 IEEE 标准、CIGRE 标准、英国摩尔根公式以及国际电工委员会标准。这几个标准的区别主要在于热平衡方程中涉及的影响因素，其中 IEEE 标准和 CIGRE 标准的计算方法应用较为广泛。

输电线路热平衡方程是关于导线温度和载流量的方程式，给定导线温度即可求解相应的电流、给定电流亦可求解导线的温度。热平衡方程中，空气对导线的对流散热和日光照射对导线的加热比较难以获取，根据获取这两项物理量的方式，有多种输电线路最大载流量的计算模型。

2.1.1 热平衡方程

输电线路实际运行中，导线存在两种情况的热平衡方程，一种是导线稳态热平衡方程，另一种是导线暂态热平衡方程。

1. 稳态热平衡方程

导线和外界环境时时刻刻都在发生着热量交换，当输电导线的温度稳定在一定数值时，导线发热功率和散热功率便达到了稳态平衡，此时导线的热平衡方程如式（2-1）所示，当导线最大允许温度为 70℃ 时，导线最大载流量计算公式如式（2-2）所示，即

$$I^2R + Q_S = Q_C + Q_r \tag{2-1}$$

$$I = \sqrt{\frac{Q_C + Q_r - Q_S}{R}} \tag{2-2}$$

式中 I——导线长期允许载流量，A；

Q_S——导线接收日照吸热，W/m；

Q_C——空气对流散热，W/m；

Q_r——导线辐射散热，W/m；

R——导体的交流电阻，Ω/m。

2. 暂态热平衡方程

当线路电流或者外界环境发生变化时，在系统达到稳定之前，导线温度是一个动态变化的过程，称为暂态热平衡方程，可表达为式（2-3）。即

$$\frac{\mathrm{d}T}{\mathrm{d}t} = \frac{I^2 R + Q_S - Q_C - Q_r}{M c_p} \qquad （2-3）$$

式中　M——单位长度导线的质量，kg；

c_p——导线比热容，J/（kg·℃）。

根据暂态热平衡方程，当给定导线最大允许温度 70℃ 时，导线最大载流量可以通过式（2-4）求得，即

$$I = \sqrt{\frac{Q_C + Q_r - Q_S + M C_p \dfrac{\mathrm{d}T}{\mathrm{d}t}}{R}} \qquad （2-4）$$

2.1.2　热平衡方程中各项功率的计算

关于导线的热辐射功率、日照吸热功率和导线电阻的计算公式说明如下。

1. 辐射散热功率

辐射散热是由温度较高的物体表面发射红外线，由温度较低的物体接收的散热方式。在这里，是由导线将热量发射给空气的，导线辐射散热与导线的表面辐射系数、环境温度和导线温度相关。辐射散热的表述为

$$Q_r = \pi D \varepsilon \sigma \left(T_C^4 - T_A^4 \right) \qquad （2-5）$$

式中　Q_r——单位长度导体的辐射散热量，W/m；

D——导体直径，m；

ε——导线表面的辐射系数，见表 2-1；

σ——斯蒂芬-包尔兹曼常数，$\sigma = 5.67 \times 10^{-8}$ W/（m²·K⁴）。

T_C——材料长期允许工作温度，以绝对温度表示，K，$T_C = T_c + 273$；

T_A——环境温度，以绝对温度表示，K，$T_A = T_a + 273$；

T_c——导体工作时的发热温度，℃；

T_a——环境温度，℃。

表 2-1 　　　　　　　　　　　　导体材料的辐射系数 ε

导体材料及表面状况	辐射系数 ε	导体材料及表面状况	辐射系数 ε
绝对黑体	1.00	磨光的铝	0.04
氧化了的钢	0.8	有光泽的黑漆	0.82
氧化了的铜	0.6~0.7	无光泽的黑漆	0.91
氧化了的铝	0.2~0.3	各种颜色的油漆、涂料	0.92~0.96

2. 日照吸收热功率

由于架空线路是裸露在空气中的，当有日照时，导线就会从太阳辐射中吸收热量。一般导线从日照中吸热的大小跟导线表面状况、导线的直径和日照辐射强度有关。

（1）我国规程中日照吸热功率的计算。根据 GB 50545—2010《110kV～750kV 架空输电线路设计规范》，导线日照吸热功率计算公式如下：

$$Q_S = \alpha DS \tag{2-6}$$

式中　α——导线表面的吸热系数，取值一般跟前述的辐射系数相同；

　　S——日照辐射强度，取 1000W/m²；

　　D——导线的直径，mm。

（2）IEEE 标准中日照吸热功率的计算。日照辐射强度按照线路所在地的纬度位置以及时间计算某时刻的太阳高度角，并换算成该时刻的日照辐射强度，计算公式为

$$Q_S = \alpha DS \sin\theta \tag{2-7}$$

其中　　　　　　　　　$S = q_s K_{\text{solar}} \tag{2-8}$

$$q_s = A + BH_C + CH_C^2 + DH_C^3 + EH_C^4 + FH_C^5 + GH_C^6 \tag{2-9}$$

$$K_{\text{solar}} = 1 + 1.148 \times 10^{-4} H_e - 1.108 \times 10^{-8} H_e^2 \tag{2-10}$$

$$\theta = \arccos\left[\cos H_C \cos(Z_C - Z_1)\right] \tag{2-11}$$

$$H_{\mathrm{c}} = \arcsin\left(\cos L_{\mathrm{at}}\cos\delta\cos\omega + \sin L_{\mathrm{at}}\sin\delta\right) \tag{2-12}$$

$$\delta = 23.4583\sin\left(\frac{284+N}{365}\times360\right) \tag{2-13}$$

$$Z_{\mathrm{c}} = C_1 + \arctan\chi \tag{2-14}$$

$$\chi = \frac{\sin\omega}{\sin L_{\mathrm{at}}\cos\omega - \cos L_{\mathrm{at}}\tan\delta} \tag{2-15}$$

式中　　　　　　　　　　θ——太阳光入射有效角，（℃）；

H_{e}——导线的海拔，m；

H_{c}——太阳高度角，（°）；

A、B、C、D、E、F、G 和 C_1——常数，取值见 IEEE738—2006《架空输电线路载流量计算标准》；

δ——太阳赤纬，（°）；

N——该天在一年中的第几天；

ω——小时角，正午 12:00 为 0°，每相隔 1h 差 15°；

L_{at}——线路所在地的纬度，（°）；

Z_{c}——太阳方位角，（°）；

Z_1——导线的方向角，（°）；

χ——太阳方位变量。

3. 导线电阻焦耳热功率

（1）IEEE 公式中导线电阻的计算。对于导线交流电阻，考虑到集肤效应的影响，得到交流电阻公式为

$$R = (1+k)R_{T_{\mathrm{c}}} \tag{2-16}$$

$$R_{T_{\mathrm{c}}} = R_{20}\left[1+\alpha_{20}\left(T_{\mathrm{C}}-20\right)\right] \tag{2-17}$$

式中　$R_{T_{\mathrm{c}}}$——温度为 T_{c} 时导线的直流申阻，Ω/m；

R——温度为 T_{c} 时导线的交流电阻，Ω/m；

α_{20}——20℃ 时导线材料温度系数，对铝取 0.004031/℃；

T_{c}——导体工作时的发热温度，℃；

k——集肤效应系数，导体截面积小于等于 $400mm^2$ 时取 0.0025，大于 $400mm^2$ 时取 0.01。

（2）Morgan 公式中导线电阻的计算。Morgan 公式中导线交流电阻与直流电阻呈比例，即

$$R = \beta R_d \quad\quad （2-18）$$

式中　β——导线温度为 T_c 时的交直流电阻比；

R_d——导线温度为 T_c 时的直流电阻。

4. 空气对流散热功率

IEEE738—2006 标准、Morgan 公式、简化 Morgan 公式的最大区别在于对空气对流散热功率的处理。我国《电力工程电气设计手册》引用了简化 Morgan 公式。

（1）IEEE 标准中空气对流散热功率的计算。IEEE738—2006 标准中对空气的对流散热功率的处理最为详细，考虑了无风时导线自然对流散热以及风速不同时的情况。当遇到无风的情况时，其计算结果最准确。

当风速较小时，公式为

$$Q_{C1} = \left[1.01 + 0.0372\left(\frac{D\rho_f V_w}{\mu_f} \right)^{0.52} \right] k_f K_{angle} \left(T_c - T_a \right) \quad\quad （2-19）$$

当风速较大时，公式为

$$Q_{C2} = 0.0119\left(\frac{D\rho_f V_w}{\mu_f} \right)^{0.6} k_f K_{angle} \left(T_c - T_a \right) \quad\quad （2-20）$$

当无风时，公式为

$$Q_{cn} = 0.0205\rho_f^{0.5} D^{0.75} \left(T_c - T_a \right)^{1.25} \quad\quad （2-21）$$

最终的对流散热功率取上述三者中的最小值，即

$$Q_C = \min\left(Q_{c1}、Q_{c2}、Q_{cn} \right) \quad\quad （2-22）$$

上式中各量可由下列公式计算

$$K_{\text{angle}} = 1.194 - \cos\varphi + 0.194\cos 2\varphi + 0.368\sin 2\varphi \qquad (2\text{-}23)$$

$$k_{\text{f}} = 2.424 \times 10^{-2} + 7.477 \times 10^{-5}(T_{\text{a}} + T_{\text{c}})/2 - 4.407 \times 10^{-5}(T_{\text{a}} + T_{\text{c}})/4 \qquad (2\text{-}24)$$

$$\mu_{\text{f}} = \frac{1.485 \times 10^{-6}(T_{\text{c}}/2 + T_{\text{a}}/2 + 273)^{1.5}}{T_{\text{c}}/2 + T_{\text{a}}/2 + 383.4} \qquad (2\text{-}25)$$

$$\rho_{\text{f}} = \frac{1.293 - 1.525 \times 10^{-4}H_{\text{e}} + 6.379 \times 10^{-9}H_{\text{e}}^2}{1 + 0.00367(T_{\text{c}} + T_{\text{a}})/2} \qquad (2\text{-}26)$$

式中 ρ_{f} ——空气密度，kg/m^3；

K_{angle} ——风向角系数；

φ ——风向与导线轴向夹角，（°）；

V_{w} ——环境风速，m/s；

D ——导线直径，mm；

T_{a} ——环境温度，℃；

T_{c} ——导线温度，℃；

μ_{f} ——空气的动态黏度，Pa/s；

k_{f} ——空气的热传导率，W/（m·℃）；

H_{e} ——导线的海拔，m。

（2）Morgan 公式及《电力工程电气设计手册》中对流散热功率计算。根据《电力工程电气设计手册》可知

$$Q_{\text{c}} = \pi k_{\text{f}}(T_{\text{c}} - T_{\text{a}})\left[A + B(\sin\varphi)^n\right]C\left(\frac{V_{\text{w}}D}{\mu_{\text{f}}}\right)^p \qquad (2\text{-}27)$$

$$k_{\text{f}} = 2.42 \times 10^{-2} + 3.5 \times 10^{-5}(T_{\text{a}} + T_{\text{c}}) \qquad (2\text{-}28)$$

$$\mu_{\text{f}} = 1.32 \times 10^{-5} + 4.8 \times 10^{-8}(T_{\text{a}} + T_{\text{c}}) \qquad (2\text{-}29)$$

式中 A、B、n ——常数，当 $0° < \varphi < 24°$ 时，$A = 0.42$，$B = 0.68$，$n = 1.08$；当 $24° \leqslant \varphi \leqslant 90°$ 时，$A = 0.42$，$B = 0.58$，$n = 0.9$；

C、p ——常数，具体取值见表 2-2。

表 2-2　　　　　　　　　　垂直风吹的热传递方程系数

热传递表面	表面粗糙程度 （μm）	雷诺数范围	C	p
单根光滑圆柱体	无	100～5000 5000～50000	0.55 0.13	0.485 0.65
单根或迎风，绞线或细密导线	≤0.1	100～3000 3000～50000	0.57 0.094	0.485 0.71
单根或迎风绞线	＞0.1	100～3000 3000～50000	0.57 0.051	0.485 0.79
背风，绞线或细密导线	≤0.1	100～300 3000～50000	0.57 0.042	0.5 0.825

（3）Morgan 简化公式中对流散热功率计算。Morgan 简化公式的对流散热功率计算公式为式（2-30），其中只考虑了强制对流的情况，没有考虑自然对流。

$$Q_C = \lambda Eu\pi(T_c - T_a) \tag{2-30}$$

$$Eu = 0.65Re^{0.2} + 0.23Re^{0.61} \tag{2-31}$$

$$Re = 1.644 \times 10^9 VD\left[T_a + 0.5(T_c - T_a)\right]^{-1.78} \tag{2-32}$$

式中　T_c——导线表面温度，℃；

　　　T_a——环境温度，℃；

　　　D——导线的直径，m；

　　　Eu——欧拉数；

　　　Re——雷诺数；

　　　V——风速，m/s。

许多国家和研究机构都提出了对于输电线路最大允许载流量的建模和求解方法，比较有代表性的是 IEEE 标准、CIGRE 标准及英国 Morgan 提出的计算方法，我国最大允许载流量的计算方法是在英国 Morgan 方法的基础上计算出来的。这些方法表达虽然有所不同，但本质上都是建立在线路热平衡方程基础上的，只是在建模过程中各国考虑的气象因素有所不同，但计算结果相差并不大。

英国 Morgan 公式对影响线路载流量的众多因素进行了考虑，并有试验验证作为基础，但其计算过程相对于其他方法较为复杂。在一定条件下将其简化，可缩短计算过程，适用于当雷诺数为 $100 \sim 3000$ 时，也即环境温度为 $40°C$、风速为 $0.5m/s$、导线温度不超过 $120°C$ 时，可用于直径 $4.2 \sim 100mm$ 导线载流量的计算。载流量计算公式为

$$I_\mathrm{t} = \sqrt{\frac{9.92(T_\mathrm{c} - T_\mathrm{a})(VD)^{0.485} + \pi \varepsilon D \sigma [(T_\mathrm{c} + 273)^4 - (T_\mathrm{a} + 273)^4] - \alpha D q_\mathrm{s}}{\beta R_\mathrm{d}}} \quad （2-33）$$

计算导线载流量时，交直流电阻比 β 的运算比较麻烦，但 Morgan 公式不仅考虑因素比较多，而且还有试验基础，这里可以应用一个试验结论：交直流电阻比与电流成非线性关系，即 $\beta = \xi I^\tau$，用电流代替交直流电阻比，从而简化计算过程。当导线标准截面积确定后，ξ 和 τ 都是常量。将 $\beta = \xi I^\tau$ 代入式（2-33）并整理得到

$$I^{2+\tau} = \frac{9.92(T_\mathrm{c} - T_\mathrm{a})(VD)^{0.485} + \pi \varepsilon D \sigma [(T_\mathrm{c} + 273)^4 - (T_\mathrm{a} + 273)^4] - \alpha D q_\mathrm{s}}{\xi R_\mathrm{d}} \quad （2-34）$$

2.2　输电线路最大载流量计算模型

2.2.1　基于气候模型的输电线路最大载流量计算

气候模型是利用环境温度、风速、风向、导线工作温度直接计算导线最大载流量。气候模型原理如图 2-1 所示。

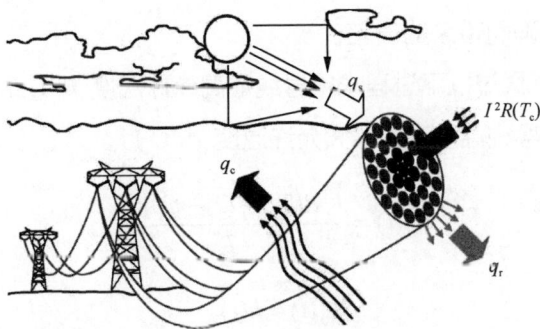

图 2-1　气候模型原理框图

根据热平衡方程，需要计算对流散热功率、辐射散热功率、日照吸热功率和交流电阻值，经整理计算得到载流量计算公式与简化 Morgan 公式相同，即式（2-33）。

由于对流散热过程复杂、估算辐射散热以及风速和风向快速变化无法准确测量等原因，导致计算结果误差很大，而且现有仪器对低风速测量误差较大，而低风速时导线温度容易达到 70℃，对于输电线路运行是很危险的。同时，对于日照强度的测量也存在很大的难度和误差，计算时要考虑所处纬度和日照角度的变化，这样会带来很大的计算误差。一整条线路中，由于地域的变化，天气也会发生变化，容易产生大的误差。增加测量装置可以解决这一问题，但同时也增加了系统设计成本。

2.2.2 基于导线温度模型的输电线路最大载流量计算

将热传递系数引入稳态热平衡方程，利用近似的热传递系数计算导线容量。通过导线温度测量仪器直接得到导线的温度值，同时监测导线所处的气象环境（日照、环境温度），结合这些测量数据，通过导线的热平衡方程推导出此时影响导线温度的有效风速，进而得到可利用的最大载流量值，这种计算方法是基于导线温度模型的。采用导线温度模型，将热平衡方程改写为

$$I^2 R(T_c) + Q_s = h(t)(T_c - T_a) + Q_r \qquad (2\text{-}35)$$

式中　$h(t)$——环境温度和风速风向的综合影响，称为热传递系数，是通过已知的导线温度、导线电流等参数来求取的，消除了因为风速测量不准确而带来的误差。

导线温度模型通过以下过程求得导线最高允许温度 70℃ 时的热容量和载流量（下标 70 代表导线温度达到最大允许温度 70℃）

$$h(t) = \frac{I^2 R(T_c) + Q_s - Q_r}{T_c - T_a} \qquad (2\text{-}36)$$

$$h_{70}(t) \approx h(t) \qquad (2\text{-}37)$$

$$I = \sqrt{\frac{h_{70}(t)(70 - T_a) + Q_r - Q_s}{R_{70}}} \qquad (2\text{-}38)$$

实际上，输电线路温度达不到 70℃。计算载流量时，$h_{70}(t)$ 近似取某一时刻的 $h(t)$ 值会使模型计算结果产生偏差，导线载流量计算不准确。

导线温度模型引入了热传递系数，利用近似的热传递系数计算导线传输容量，避免了风的测量，适用于导线温度高和风速低的情况，计算量小，监测方便。但同一档距内不同点处的导线温度变化很大，测量一点的导线温度代替整条线路的平均温度不准确。另外，由于温度测量仪器直接与高压导线接触，高压电磁场会对测量产生一定的影响，需要采取一定的措施减少或避免电磁场的影响。

2.2.3　基于张力模型的输电线路最大载流量计算

Tapani.O.Seppa 提出了温度与弧垂之间的关系，而弧垂可以通过测量张力求得。对于均匀导线，导线温度为

$$t = t_0 + A(H - H_0) + B(H - H_0)^2 + C(H - H_0)^3 \qquad (2\text{-}39)$$

式中　H_0——初始状态下的导线张力；

　　　t_0——对应导线张力为 H 时的导线温度；

A、B、C——待求常数。

在耐张段上安装张力传感器测量导线张力，根据现场试验数据可以拟合出张力–导线温度关系，推算出导线温度，再结合式（2-39）即可计算出导线载流量。

张力跟随线路耐张段的平均温度变化而变化，测量张力与测量弧垂或导线温度是等价的。相比较测量张力的成本远低于测量弧垂和温度的成本。通过张力测量装置得到导线的张力，就可以根据力学模型计算各个档距的弧垂，反映整个耐张段的平均温度。

在气候模型输电线路传输容量计算中，风的影响最大。在线路的不同点处，风速和风向变化很大，直接使用线路某点的风速、风向来代替风对整条线路的作用，计算误差很大。导线温度模型用一点的测量值代替导线平均温度也是不准确

的。张力模型的优势在于能够避免以上两个问题的出现。然而线路的张力、弧垂和导线平均温度之间的数学关系对于每一条传输线的每一个耐张段都是不一样的，主要取决于导线的类型、股数、档距长度和弧垂大小。而且张力-导线平均温度曲线关系式不易获得，在常温下得到的关系式难以推广到高温下应用。可见，现有输电线路载流量计算模型都存在一定的不足，拟采用实测导线温度、电流、环境温度、风速及日照强度方法，第一步修正计算模型；第二步在已修正的计算模型上计算动态输送限额。积累运行数据后提出简便、合理的载流量计算方法，是进一步需要研究的问题。

2.3　输电线路钢芯铝绞线热力学模型

提高输电线路发热允许温度，会引起线路弧垂增大、对地及交叉跨越物的距离减小，影响线路的安全运行。因此，对输电线路应力和弧垂进行准确计算是必不可少的。

钢芯铝绞线不是完全弹性体，当其受拉时不仅产生弹性应变，还产生沉降应变（也称塑性伸长），导线在受热时还产生受热应变。又由于金属具有蠕变性能，故当绞线长期受拉后会产生蠕变应变。沉降应变和蠕变应变均为永久应变，在输电线路工程上习惯称为初伸长。在导线受力初期，各股单线互相移动挤压，使线股绞合得更紧，虽然也产生永久应变，但这部分永久应变在施工观测弧垂以确定耐张段总线长时已经排除，因而不影响架空线的运行。

钢芯和铝线的应变取决于各自的应力、温度和受力时间等。对于钢芯铝绞线，钢芯和铝线的总应变均可表示为受热应变、弹性应变、沉降应变和蠕变应变的累加，即

$$X_S = DT_S + ELA_S + ST_S + CRP_S \qquad （2-40）$$

$$X_A = DT_A + ELA_A + ST_A + CRP_A \qquad （2-41）$$

式中　DT_S、DT_A——钢芯和铝线的受热应变；

　　ELA_S、ELA_A——钢芯和铝线的弹性应变；

ST_S、ST_A——钢芯和铝线的沉降应变；

CRP_S、CRP_A——钢芯和铝线的蠕变应变。

（1）钢芯和铝线的受热应变为

$$DT_S = [11.3(T_S - 20) + 0.008(T_S^2 - 400)] \times 10^{-6}$$
$$DT_A = [22.8(T_A - 20) + 0.009(T_A^2 - 400)] \times 10^{-6}$$

（2-42）

式中　T_S、T_A——钢芯和铝线的温度，℃，假设 $T_S = T_A$。

（2）钢芯和铝线的弹性应变为

$$ELA_S = \frac{\sigma_S}{E_S}$$
$$ELA_A = \frac{\sigma_A}{E_A}$$

（2-43）

式中　σ_S、σ_A——钢芯和铝线的轴向应力，MPa；

　　　E_S、E_A——钢芯和铝线的弹性模量，MPa。

（3）钢芯和铝线的沉降应变为

$$ST_S = 5.75 \times 10^{-6} \sigma_S + 9.7 \times 10^{-22} \sigma_S^6$$
$$ST_A = 3.1 \times 10^{-5} \sigma_A + 2.5 \times 10^{-16} \sigma_A^6$$

（2-44）

（4）钢芯和铝线的蠕变应变为

$$CRP_S = 7 \times 10^{-18} e^{0.02(T_S - 20)} \times \sigma_S^{4.7} t^{0.13}$$
$$CRP_A = 9 \times 10^{-6} e^{0.03(T_A - 20)} \times \sigma_A^{1.3} t^{0.2}$$

（2-45）

式中　t——测定时间，年。

由于钢芯铝绞线的两端是钳在一起的，故钢芯和铝线的总应变应相等，即

$$X = X_S = X_A$$

（2-46）

式中　X——导线的总应变。

由式（2-40）～式（2-46）可得 80℃ 时钢芯和铝线的应力-应变曲线，分别如图 2-2、图 2-3 所示；可得到不同温度下钢芯和铝线的应力-应变曲线，分别如图 2-4、图 2-5 所示。

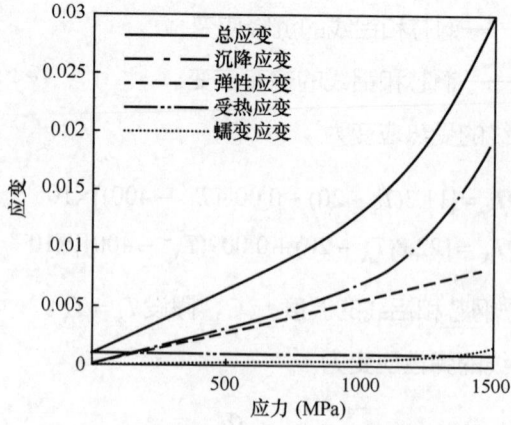

图 2-2　80℃时钢芯的应力-应变曲线

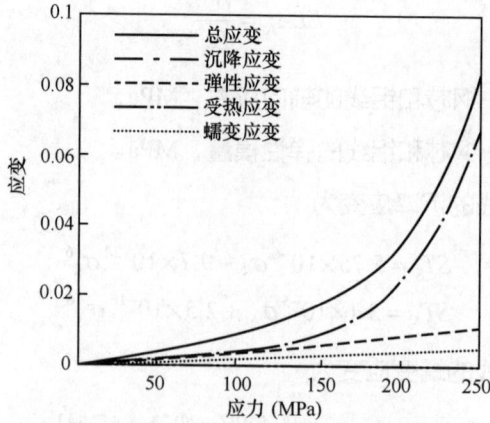

图 2-3　80℃时铝线的应力-应变曲线

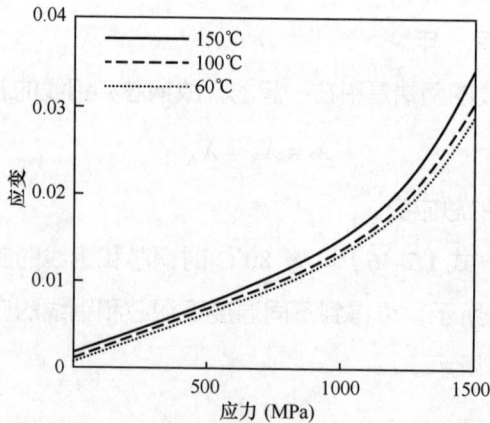

图 2-4　不同温度下钢芯的应力-应变曲线

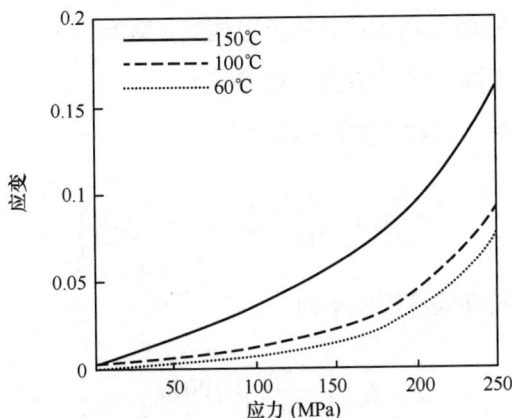

图 2-5　不同温度下铝线的应力-应变曲线

由图 2-2、图 2-3 可见，在导线受力初期，钢芯的蠕变应变对其总应变影响不大，而铝线的蠕变应变对其总应变影响较大；由图 2-4、图 2-5 可见，温度对钢芯应变影响不大，对铝线应变的影响则较为显著。

导线在增容过程中不可避免地会引起导线的温升，导线的温升则进一步影响钢芯铝绞线的材料力学性能。导线的强度损失是温度和持续时间的函数，具有累积效应。长时间的高温运行将加速导线的老化，使得导线因为剩余强度低于要求而寿命终结。

目前国际上常用的钢芯铝绞线强度损失的计算模型有三种。这里采用了其中的 Harvey 模型。在该模型中，单根铝丝的抗拉强度损失的百分数可以用式（2-47）来计算

$$s_A = 100 - (134 - 0.24T_c)t^{-(2.54/d)(0.001T_c - 0.095)} \qquad （2-47）$$

式中　d ——铝单丝的直径，mm；

　　　t ——时间，h；

　　　T_c ——导线温度，℃。

对于由多根铝丝股和钢丝股绞成的钢芯铝绞线，其初始的抗拉强度 s 为

$$s = \frac{\pi}{4}(r_A^2 s_A n_A + r_S^2 s_S n_S) \qquad （2-48）$$

式中　r_A、r_S ——铝单丝和钢单丝的半径，mm；

s_A、s_S——铝单丝和钢单丝的抗拉强度，MPa；

n_A、n_S——铝单丝和钢单丝的数量。

经过高温退火后，导线的抗拉强度为

$$s' = \frac{\pi}{4}\left[\left(1 - \frac{s_A}{100}\right)s_A^2 s_A n_A + r_S^2 s_S n_S\right]$$ （2-49）

因此，导线的拉伸强度损失率为

$$s_c = \left(\frac{s - s'}{s}\right) \times 100\%$$ （2-50）

2.4 输电线路弧垂计算模型

2.4.1 输电线路档距的应力-弧垂计算模型

悬挂于两基杆塔之间的一档导线，在导线自重、冰重和风压等荷载作用下，任一横截面上均有应力存在。根据材料力学中应力的定义可知，导线应力是指导线单位横截面积上的内力。因导线上作用的荷载是沿导线长度均匀分布的，所以一档导线中各点的应力是不相等的，且导线上某点应力的方向与导线悬挂曲线该点的切线方向相同，从而可知，一档导线中其导线最低点应力的方向是水平的。在导线应力、弧垂分析中，除特别指明外，导线应力都是指档内导线最低点的水平应力，常用 σ_0 表示。

悬挂于两基杆塔之间的一档导线，其弧垂与应力的关系为：弧垂越大，应力越小；反之，弧垂越小，应力越大。因此，从导线强度和安全角度考虑，应加大导线弧垂，从而减小应力，以提高安全系数。但是，若片面地强调增大弧垂，为保证带电线的对地安全距离，在档距相同的条件下，必须增加杆高，或在相同杆高条件下缩小档距，结果使线路基建投资成倍增加。

下面分析一个档距内导线的曲线方程，并推导导线应力与弧垂之间的关系。

1. 基于悬垂链方程的应力-弧垂计算模型

参见图 2-6，建立一段档距内的导线曲线的直角坐标系。为便于公式表达，坐标原点设在导线的最低点。图 2-6 中，A、B 两点为导线两侧的悬挂点，O 点为导线最低点，σ_0 为导线各点应力的水平分量（N/mm^2），l 为架空线档距（m），γ 为架空导线单位长度的质量[$\text{N/}(\text{m}\cdot\text{mm}^2)$]，$h$ 为档距内高差（m），f_x 和 f_m 分别为 x 点弧垂和最大弧垂，θ_A 和 θ_B 分别为 A 点和 B 点导线的倾角，β 为悬挂点连线与水平线的夹角（高差角）。

由于钢芯铝绞线的结构特点，可以假设其为一段柔索，即导线内部只有切向应力，没有弯曲应力。建立如图 2-7 所示的一段长度为的导线微元，分析其受力情况。

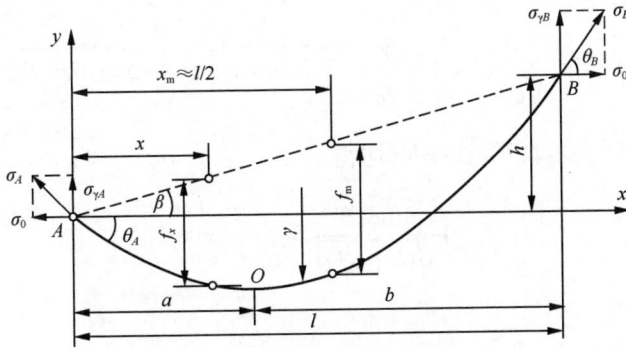

图 2-6　一段档距内导线曲线方程坐标系

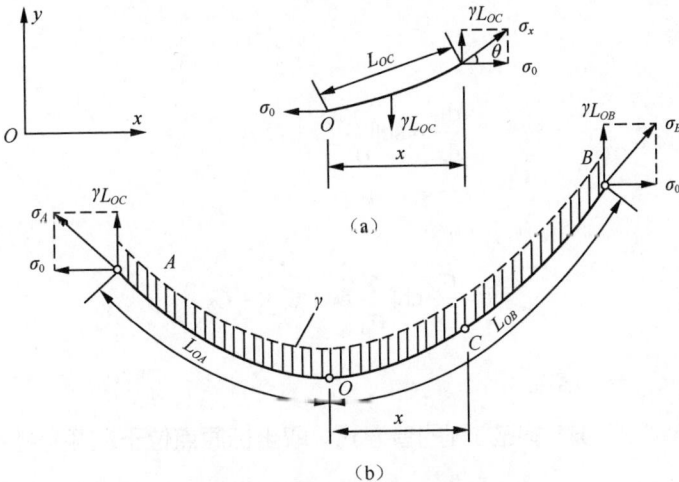

（a）

（b）

图 2-7　导线呈悬垂链形状的受力图

由于图 2-7 所示导线 C 点处（距最低点 O 的水平距离为 x）的 x 轴方向受力平衡和 y 轴方向受力平衡，可列出以下方程

$$\sigma_x \cos\theta = \sigma_0 \qquad (2\text{-}51)$$

$$\sigma_x \sin\theta = \gamma L_{OC} \qquad (2\text{-}52)$$

将式（2-51）和式（2-52）相比，就可以得到悬垂链曲线的微分方程

$$\tan\theta = \frac{dy}{dx} = \frac{\gamma}{\sigma_0} L_{OC} \qquad (2\text{-}53)$$

将式（2-53）对 x 微分，得

$$d(\tan\theta) = \frac{\gamma}{\sigma_0} d(L_{OC}) = \frac{\gamma}{\sigma_0}\sqrt{(dx)^2 + (dy)^2} = \frac{\gamma}{\sigma_0}\sqrt{1 + \tan^2\theta}\, dx \qquad (2\text{-}54)$$

将式（2-54）移项后两端积分可得

$$\int \frac{d(\tan\theta)}{\sqrt{1 + \tan^2\theta}} = \frac{\gamma}{\sigma_0}\int dx \qquad (2\text{-}55)$$

有

$$\text{arcsh}(\tan\theta) = \frac{\gamma}{\sigma_0}(x + C_1) \qquad (2\text{-}56)$$

即

$$\frac{dy}{dx} = \text{sh}[\frac{\gamma}{\sigma_0}(x + C_1)] \qquad (2\text{-}57)$$

可得

$$y = \frac{\sigma_0}{\gamma}\text{ch}[\frac{\gamma}{\sigma_0}(x + C_1)] + C_2 \qquad (2\text{-}58)$$

式中　C_1、C_2——常数。

式（2-58）即为悬垂链方程的普通式。取坐标原点位于左侧悬挂点处，可得

$$y = \frac{\sigma_0}{\gamma}\text{ch}[\frac{\gamma}{\sigma_0}(x - a)] - \frac{\sigma_0}{\gamma}\text{ch}\frac{\gamma a}{\sigma_0} \qquad (2\text{-}59)$$

式（2-59）可转化为

$$y = \frac{\sigma_0 h}{\gamma L_{h=0}} \text{sh} \frac{\gamma l}{2\sigma_0} + \frac{\sigma_0 h}{\gamma L_{h=0}} \text{sh}[\frac{\gamma}{2\sigma_0}(2x-l)]$$
$$- \frac{2\sigma_0}{\gamma} \text{sh} \frac{\gamma x}{2\sigma_0} \text{sh}[\frac{\gamma}{2\sigma_0}(2x-l)]\sqrt{1+(\frac{h}{L_{h=0}})^2} \qquad （2-60）$$

$$L_{h=0} = \frac{2\sigma_0}{\gamma} \text{sh} \frac{\gamma l}{2\sigma_0} \qquad （2-61）$$

根据垂悬链方程可以得到最低点弧垂公式和倾角公式

$$f = \frac{\sigma_0}{\gamma}\left[\sqrt{1+\left(\frac{h}{\frac{2\sigma_0}{\gamma} sh \frac{\gamma l}{2\sigma_0}}\right)^2} \, \text{ch}\frac{\gamma l}{2\sigma_0} - \frac{h}{l}\text{arcsh}\frac{h}{L_{h=0}} - 1\right] \qquad （2-62）$$

$$\tan\theta_A = -\text{sh}\frac{\gamma a}{\sigma_0} = -\text{sh}\left(\frac{\gamma l}{2\sigma_0} - \text{arcsh}\frac{h}{L_{h=0}}\right) \qquad （2-63）$$

$$\tan\theta_B = \text{sh}\frac{\gamma b}{\sigma_0} = \text{sh}\left(\frac{\gamma l}{2\sigma_0} + \text{arcsh}\frac{h}{L_{h=0}}\right) \qquad （2-64）$$

2. 基于斜抛物线方程的应力-弧垂计算模型

利用式（2-60）求解导线的曲线坐标，利用式（2-62）求解导线的最大弧垂，计算公式均比较复杂。若用档距内的直线分布的平均荷载代替沿弧长分布的荷载，如图 2-8 所示，则能明显简化计算公式。

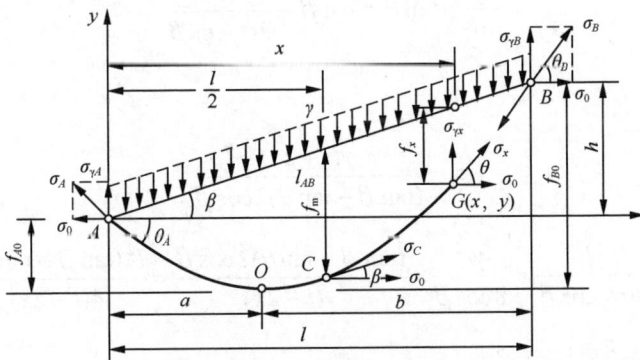

图 2-8　输电导线简化的受力分析图

在无风状态下，对输电线路进行受力分析，根据导线上的任意弯矩为零的条件，可分别列出导线任意一点 $G(x,y)$ 及悬挂点 B 的力矩平衡方程

$$\sigma_0 y + \sigma_{\gamma A} x - \left(\frac{x}{\cos\beta} \gamma \right) \frac{x}{2} \tag{2-65}$$

$$\sigma_0 h + \sigma_{\gamma A} l - \left(\frac{x}{\cos\beta} \gamma \right) \frac{l}{2} \tag{2-66}$$

式中　$\sigma_{\gamma A}$——悬挂点 A 处电线轴向应力 σ_A 在 γ 作用方向的竖向分量，N/mm^2。

假设 A 点为坐标原点，由式（2-65）和式（2-66）解得导线的悬挂曲线方程为

$$y = \frac{\gamma x^2}{2\sigma_0 \cos\beta} + \left(\frac{h}{l} - \frac{\gamma l}{2\sigma_0 \cos\beta} \right) x = x\tan\beta - \frac{\gamma x(l-x)}{2\sigma_0 \cos\beta} \tag{2-67}$$

定义弧垂为导线上一点到 A、B 两点所在直线的竖直方向上的长度。导线任一点的弧垂为

$$f_x = x\tan\beta - y = \frac{\gamma x(l-x)}{2\sigma_0 \cos\beta} = 4f_{\mathrm{m}} \left[\frac{x}{l} - \left(\frac{x}{l} \right)^2 \right] \tag{2-68}$$

对式（2-68）求极值，可知线路档距中央的弧垂最大，为

$$f_{\mathrm{m}} = \frac{\gamma l^2}{8\sigma_0 \cos\beta} \tag{2-69}$$

将式（2-67）对 x 求导数，可求得导线任一点得切线斜率为

$$\frac{\mathrm{d}y}{\mathrm{d}x} = \tan\theta = \tan\beta - \frac{\gamma(l-2x)}{2\sigma_0 \cos\beta} \tag{2-70}$$

于是，

$$\sigma_0 = \frac{\gamma(l-2x)}{(\tan\beta - \tan\theta)2\cos\beta} \tag{2-71}$$

$$f_{\mathrm{m}} = \frac{\gamma l^2}{8\sigma_0 \cos\beta} = \frac{\gamma l^2}{8\cos\beta} \times \frac{(\tan\beta - \tan\theta)2\cos\beta}{\gamma(l-2x)} = \frac{l^2(\tan\beta - \tan\theta)}{4(l-2x)} \tag{2-72}$$

导线得微分弧长可写为

$$dL = \sqrt{1 + \left(\frac{dy}{dx}\right)^2}\, dx \qquad (2\text{-}73)$$

对式（2-73）进行微积分，整理可得

$$L \approx \frac{l}{\cos\beta} + \frac{\cos\beta\gamma^2 l^3}{24\sigma_0^2} \qquad (2\text{-}74)$$

3. 悬垂链方程与斜抛物线方程的差异

输电线路钢芯铝绞线符合悬垂链方程，斜抛物线方程是其简化形式，但是悬垂链方程用于线路弧垂计算时计算公式比较复杂，下面比较两者的差异。假定导线两悬挂点高差为 50m，导线型号为 LGJ-240/30，导线长度为档距的 1.005 倍，分别利用斜抛物线方程和悬垂链方程求解导线在自身质量作用下的弧垂，计算结果见表 2-3，结果表明，两种算法之间的差异非常小，完全可以利用斜抛物线公式代替悬垂链公式来计算线路的弧垂。

表 2-3　两悬挂点高差为 50m 时悬垂链方程与斜抛物线方程计算弧垂结果对比

档距（m）	100	200	300	400	500
斜抛物线方程求解弧垂（m）	4.33013	8.92679	13.16957	17.45530	21.75862
悬垂链方程求解弧垂（m）	4.33591	8.94694	13.20105	17.49787	21.81217
相差（%）	−0.13	−0.23	−0.24	−0.24	−0.25

2.4.2　钢芯铝绞线的温度-弧垂计算模型

在输电线路动态增容的实施过程中，要求根据导线的温度来核算导线弧垂是否满足安全要求，或者根据最大弧垂限额计算导线的最高允许温度。

现有的温度-弧垂计算模型主要是钢芯铝绞线的状态方程。在状态方程中，钢芯铝绞线可看作整体，具有确定的弹性模量和热膨胀系数。其中关键的假设是认为钢芯的总长度等于铝股的总长度。当温度发生变化后，为保证总长度相等，钢芯和铝股的应力分配会发生变化，用于弥补热膨胀系数的差异。在高温区域，铝股的热膨胀总量远超钢芯，其中的应力逐步转移到钢芯上。当铝股不再承受拉力时，继续提高温度，铝股将产生径向膨胀，则铝股的总长度不再等于钢芯的总长度，整条导线的力学性能完全显现为钢芯的力学性能。因此状态方程的计算结果将产生一定的误差。

另一种常用的温度-弧垂计算方法是应变积累法，单独考虑钢芯拟合铝股的总应变，先给钢芯假设一个很小的应力，采用迭代的方法逐步增加钢芯的应力，直到钢芯的总长度等于铝股的总长度。由于该方法将总长度相等作为迭代终结的判据，同样不适用于铝股产生径向膨胀之后的情况。

此处提出一种利用现场实测数据求解导线应力分配的方法，解决上述问题。在推导计算模型前，需要做三点假设：

（1）钢芯铝绞线横截面上的温度均匀分布，并且等于导线的表面温度。实际上，钢芯铝绞线横截面温度分布不均匀，国内外理论计算和实测均表明钢芯与外层铝单丝的温度差异在几摄氏度以内变化。为了简化计算，做了该假设。

（2）该模型用于实时反映温度突变与弧垂突变之间的关系，不考虑时间因素，即不考虑长时间下的蠕变应变，对于蠕变应变另行分析计算。

（3）由于温度升高后，弧垂增大，导线应力减小，因此沉降应变已经完成，在本模型中不予考虑。

对于实际运行年限较长的线路，由于导线的运行温度和弧垂没有被实时监测，因此多年积累的蠕变应变是未知因素。根据导线温度计算弧垂时，需要预先实测导线某一温度 T 下的最大弧垂 f_{m0}，再据此计算任一温度 T 下的最大弧垂 f_m，具体计算过程如下：

1）根据导线的斜抛物线公式得到档距内最大弧垂与导线水平张力 σ_0 的简化关系，即式（2-72），式（2-72）给出了导线最大弧垂与导线水平应力之间的关系。只要已知水平应力，就可以算出最大弧垂，反之已然。据此，给出弧垂增量与应力增量之间的关系式如下

$$\Delta\sigma_0 = \frac{\gamma l^2}{8\cos\beta}\left(\frac{1}{f_m} - \frac{1}{f_{m0}}\right) \qquad (2\text{-}75)$$

式中　γ——档距内导线比载；

　　　β——档距内悬挂点连线与水平方向的夹角；

　　　l——水平档距；

　　　f_m——档内最大弧垂。

2）求解导线温度从 T_0 变化到 T 时（温度变化为 ΔT）引起的总导线长度的变化量。由温度变化引起的钢芯和铝线的受热应变分别为

$$\Delta DT_S = [11.3 \times \Delta T + 0.008 \times (T_2^2 - T_1^2)] \times 10^{-6}$$
$$\Delta DT_A = [22.8 \times \Delta T + 0.009 \times (T_2^2 - T_1^2)] \times 10^{-6}$$

（2-76）

由应力变化引起的钢芯和铝线的弹性应变分别为

$$\Delta ELA_S = \frac{\Delta \sigma_S}{E_S}$$
$$\Delta ELA_A = \frac{\Delta \sigma_A}{E_A}$$

（2-77）

由于钢芯总应变等于铝绞线的总应变，则可得

$$\frac{\Delta \sigma_S}{E_S} + [11.3 \times \Delta T + 0.008 \times (T_2^2 - T_1^2)] \times 10^{-6}$$
$$= \frac{\Delta \sigma_A}{E_A} + [22.8 \times \Delta T + 0.009 \times (T_2^2 - T_1^2)] \times 10^{-6}$$

（2-78）

3）根据钢芯的应力增量和铝线的应力增量计算导线总应力增量，表示为

$$\Delta \sigma = \frac{\Delta \sigma_S \times S_S + \Delta \sigma_A \times S_A}{S}$$

（2-79）

式中　S——钢芯铝绞线的计算截面积，mm^2；

S_S、S_A——钢芯部分和铝线部分的面积，mm^2。

则根据式（2-75）建立由弧垂变化引起的应力变化等式

$$\frac{\Delta \sigma_S \times S_S + \Delta \sigma_A \times S_A}{S} = \frac{\gamma l^2}{8 \cos \beta}\left(\frac{1}{f_m} - \frac{1}{f_{m0}}\right)$$

（2-80）

联立式（2-78）和式（2-80），可以得到钢芯的应力增量

$$\Delta \sigma = \frac{SE_S}{S_S E_S + S_A E_A} \times \frac{\gamma l^2}{8 \cos \beta}\left(\frac{1}{f_m} - \frac{1}{f_{m0}}\right)$$
$$+ \frac{S_A E_S E_A}{S_S E_S + S_A E_A} \times [11.5 \times \Lambda T + 0.001 \times (T_2^2 - T_1^1)] \times 10^{-6}$$

（2-81）

4）利用弧长公式（2-74），建立弧长增量公式

$$\Delta L = \frac{\cos\beta\gamma^2 l^3}{24}\left(\frac{1}{\sigma^2} - \frac{1}{\sigma_0^2}\right) = \frac{8\cos^3\beta}{3l}(f_m^2 - f_{m0}^2) \tag{2-82}$$

根据式（2-70），钢芯的水平应力的增量为 $\Delta\sigma_S$ 时，钢芯沿线的轴向应力增量为

$$\Delta\sigma_T(x) = \frac{\Delta\sigma_S}{\cos\theta} \tag{2-83}$$

则钢芯在微元 dL 上的弹性应变的增量造成弧长增量为

$$\begin{aligned}
dELA_S &= dL \times \frac{\Delta\sigma_S}{\cos\theta} \times \frac{1}{E_S} = \frac{\Delta\sigma_S}{E_S}\left(1 + \frac{d^2 y}{d^2 x}\right)dx \\
&= \frac{\Delta\sigma_S}{E_S}\left\{1 + \left[\tan\beta - \frac{\gamma(l-2x)}{2\sigma_0\cos\beta}\right]^2\right\}dx
\end{aligned} \tag{2-84}$$

对式（2-84）在整个弧长范围内积分，可得弹性应变的增量造成弧长增量为

$$dELA_S = \frac{\Delta\sigma_S}{E_S}l\left[1 + \tan^2\beta + \frac{16f_{m0}^2}{l^3}\left(\frac{7}{3}l - 2\right)\right] \tag{2-85}$$

5）根据弧长增量等于钢芯的受热应变增量和弹性应变增量，可得

$$\Delta L = \Delta ELA_S + L_0[11.3 \times \Delta T + 0.008 \times (T_2^2 - T_1^2)] \times 10^{-6} \tag{2-86}$$

其中

$$L_0 = \frac{l}{\cos\beta} + \frac{\cos\beta\gamma^2 l^3}{24\sigma_0^2} = \frac{l}{\cos\beta} + \frac{8\cos^3\beta}{3l}f_{m0}^2 \tag{2-87}$$

式中 L_0 ——温度变化之前的导线弧长。

将式（2-81）、式（2-82）、式（2-87）和式（2-85）代入式（2-86），得到 ΔT 与 f_m 的关系式为

$$\frac{8\cos^3\beta}{3l}(f_m^2 - f_{m0}^2) = \frac{l}{E_S} \times \left[1 + \tan^2\beta + \frac{16f_{m0}^2}{l^3}\left(\frac{7}{3}l - 2\right)\right]$$

$$\times\left\{\frac{SE_S}{S_S E_S + S_A E_A}\frac{\gamma l^2}{8\cos\beta}\left(\frac{1}{f_m} - \frac{1}{f_{m0}}\right) + \frac{S_A E_S E_A}{S_S E_S + S_A E_A}[11.5 \times \Delta T + 0.001 \times (T_2^2 - T_1^1)] \times 10^{-6}\right\}$$

$$+ \frac{l}{\cos\beta} + \frac{8\cos^3\beta}{3l}f_{m0}^2 \times [11.3 \times \Delta T + 0.008 \times (T_2^2 - T_1^2)] \times 10^{-6}$$

$$\tag{2-88}$$

弧垂的变化与应力的变化是同时发生的，当弧垂变化较大时，式（2-84）将

有一定的误差。为了更加准确，应采用应变逐步累加的方法，将温度的增量分解成多个微小的增量累加过程，对每个微小的过程均按照上述计算过程来计算，则最终结果比较准确。

2.4.3　钢芯铝绞线的蠕变–弧垂计算模型

当计及导线在高温下的持续时间时，还需要考虑导线的蠕变应变。高温下试件的应变量和时间的关系曲线如图 2-9 所示，该曲线也称为蠕变曲线，表示导线的蠕变应变特性。由图 2-9 可看出，蠕变可以分为三个阶段：第一阶段，蠕变速率（$\Delta \varepsilon / \Delta t$）随时间而呈下降趋势；第二阶段，蠕变速率不变，即 $\Delta \varepsilon / \Delta t$ 为常数，这一段是直线；第三阶段，蠕变速率随时间而上升，随后试样断裂破坏。同时，随着蠕变应变的增加，会产生应力松弛的效应，即应力随着时间的增加而减小，即后期的蠕变应变增量会逐渐减小。在实际输电线路中，新架设的线路很快就经历了第一阶段，到达第二阶段。第二阶段和第三阶段的蠕变应变特性曲线一般被等效为式（2-45）表示的幂函数曲线。

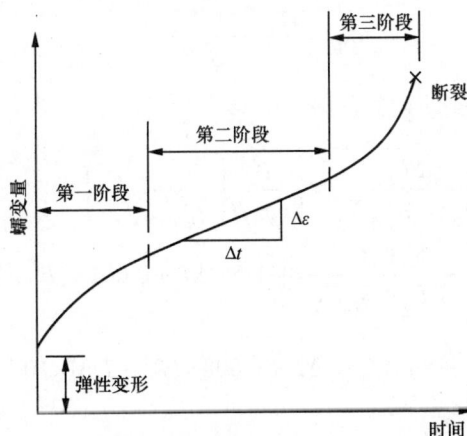

图 2-9　导线的蠕变应变特性

因为高温会加速导线的蠕变变形，在输电线路动态增容期间，导线温度较高，即使持续时间较短，也可能造成较大的永久变形，因而需要掌握其蠕变应变情况。钢芯铝绞线的蠕变–弧垂计算模型旨在建立处于恒定温度 T 下的导线的弧垂随持续时间 t 之间的关系。计算过程如下：

（1）由于输电导线经历了未知过程，其中的钢芯、铝线的沉降应变和蠕变应变是未知因素，为了求解当前动态增容所造成的蠕变应变，必须先确定导线的状态，特别是钢芯与铝线各自的应力。为此，先要测量导线在温度 T_1 和 T_2 下的最大弧垂 f_{m1} 和 f_{m2}。

根据式（2-72），由最大弧垂可得导线分别在温度 T_1 和 T_2 下的水平应力 σ_{01} 和 σ_{02} 为

$$\sigma_{01} = \frac{\gamma l^2}{8 f_{m1} \cos \beta} \tag{2-89}$$

$$\sigma_{02} = \frac{\gamma l^2}{8 f_{m2} \cos \beta} \tag{2-90}$$

设导线温度 T_1 时钢芯和铝线的应力分别为 σ_{S1} 和 σ_{A1}，温度变化到 T_2 时钢芯和铝线的应力分别为 σ_{S2} 和 σ_{A2}，则有

$$\sigma_{01} = \frac{\sigma_{S1} S_S + \sigma_{A1} S_A}{S} \tag{2-91}$$

$$\sigma_{02} = \frac{\sigma_{S2} S_S + \sigma_{A2} S_A}{S} \tag{2-92}$$

根据温度-弧垂模型中式（2-81），有

$$\sigma_{S2} - \sigma_{S1} = \frac{S E_S}{S_S E_S + S_A E_A} \times \frac{\gamma l^2}{8 \cos \beta} \left(\frac{1}{f_{m2}} - \frac{1}{f_{m1}} \right)$$
$$+ \frac{S_A E_S E_A}{S_S E_S + S_A E_A} \times [11.5 \times \Delta T + 0.001 \times (T_2^2 - T_1^1)] \times 10^{-6} \tag{2-93}$$

$$\frac{\sigma_{S2} - \sigma_{S1}}{E_S} + [11.3 \times \Delta T + 0.008 \times (T_2^2 - T_1^1)] \times 10^{-6}$$
$$= \frac{\sigma_{A2} - \sigma_{A1}}{E_A} + [22.8 \times \Delta T + 0.009 \times (T_2^2 - T_1^1)] \times 10^{-6} \tag{2-94}$$

联立式（2-91）~式（2-94），可以解出 σ_{S1}、σ_{S2}、σ_{A1}、σ_{A2}。若 T_2 就是求解蠕变应变时导线的温度，则可将 σ_{S2}、σ_{A2} 和 f_{m2} 作为 σ_S、σ_A 和 f_{m0}，进行后续计算。

（2）利用式（2-45）计算持续时间 t 之后钢芯和铝线各自蠕动应变

$$\Delta CRP_S = 7 \times 10^{-18} e^{0.02(T_S-20)} \times \sigma_S^{4.7} t^{0.13}$$
$$\Delta CRP_A = 9 \times 10^{-6} e^{0.03(T_A-20)} \times \sigma_A^{1.3} t^{0.2}$$
（2-95）

与温度-弧垂模型类似，由应力变化引起的钢芯和铝线的弹性应变为

$$\Delta ELA_S = \frac{\Delta\sigma_S}{E_S}$$
$$\Delta ELA_A = \frac{\Delta\sigma_A}{E_A}$$
（2-96）

由于钢芯总应变等于铝绞线总应变，则可得

$$\frac{\Delta\sigma_S}{E_S} + \Delta CRP_S = \frac{\Delta\sigma_A}{E_A} + \Delta CRP_A$$
（2-97）

（3）根据钢芯的应力增量和铝线的应力增量计算导线总应力增量表示为

$$\Delta\sigma = \frac{\Delta\sigma_S \times S_S + \Delta\sigma_A \times S_A}{S}$$
（2-98）

则根据式（2-75）建立由弧垂变化引起的应力变化等式

$$\frac{\Delta\sigma_S \times S_S + \Delta\sigma_A \times S_A}{S} = \frac{\gamma l^2}{8\cos\beta}\left(\frac{1}{f_m} - \frac{1}{f_{m0}}\right)$$
（2-99）

联立式（2-97）和式（2-99），可得钢芯的应力增量为

$$\Delta\sigma_S = \frac{SE_S}{S_S E_S + S_A E_A} \times \frac{\gamma l^2}{8\cos\beta}\left(\frac{1}{f_m} - \frac{1}{f_{m0}}\right)$$
$$+ \frac{S_A E_S E_A}{S_S E_S + S_A E_A}(\Delta CRP_A - \Delta CRP_S)$$
（2-100）

则钢芯弹性应变的增量造成的弧长增量为

$$\Delta ELA_S = \frac{\Delta\sigma_S}{E_S} l \left[1 + \tan^2\beta + \frac{16 f_{m0}^2}{l^3}\left(\frac{7}{3}l - 2\right)\right]$$
（2-101）

（4）利用弧长公式，即（2-35），建立弧长增量公式

$$\Delta L = \frac{\cos\beta\gamma^2 l^3}{24}\left(\frac{1}{\sigma^2} - \frac{1}{\sigma_0^2}\right) = \frac{8\cos^3\beta}{3l}(f_m^2 - f_{m0}^2)$$
（2-102）

（5）根据弧长增量等于钢芯的蠕变应变增量和弹性应变增量，可得

$$\Delta L = \Delta ELA_S + L_0 \times \Delta CPR_S \qquad （2\text{-}103）$$

其中
$$L_0 = \frac{l}{\cos\beta} + \frac{\cos\beta\gamma^2 l^3}{24\sigma_0^2} = \frac{l}{\cos\beta} + \frac{8\cos^3\beta\gamma^2}{3l}f_{m0}^2 \qquad （2\text{-}104）$$

式中　L_0——蠕变应变发生之前的导线的弧长。

将式（2-95）、式（2-100）、式（2-102）和式（2-104）带入式（2-103），得到 t 与 f_m 的关系式。弧垂的变化与应力的变化是同时发生的，当弧垂变化较大时，为了更加准确，应该采用应变逐步累加的方法，将整个蠕变过程分解成多个微小的蠕变累加过程，对每个微小的过程均按照上述计算过程来计算，则最终结果比较准确。

110kV 及以上输电线路与公路、铁路、电车道交叉或接近的基本要求见表 2-4。110kV 及以上输电线路与河流、管道及各种架空线路交叉或接近的基本要求见表 2-5。

表 2-4　　　　输电线路与铁路、公路、电车道交叉或接近的基本要求

项目		铁路			公路		电车道（有轨及无轨）	
导线或地线在跨越当内接头		标准轨距：不得接头			高速公路、一级公路：不得接头		不得接头	
		窄轨：不得接头			二、三、四级公路：不限制			
邻档断线情况的检验		标准轨距：检验			高速公路、一级公路：检验		检验	
		窄轨：不检验			二、三、四级公路：不检验			
邻档断线情况的最小垂直距离（m）	标称电压（kV）	至轨顶			至承力索或接触线	至路面	至路面	至承力索或接触线
	110	7.0			2.0	6.0	—	2.0
最小垂直距离（m）	标称电压（kV）	至轨顶			至承力索或接触线	至地面	至路面	至承力索或接触线
		标准柜	窄轨	电气轨				
	110	7.5	7.5	11.5	3.0	7.0	10.0	3.0
	220	8.5	7.5	12.5	4.0	8.0	11.0	4.0
	330	9.5	8.5	13.5	5.0	9.0	12.0	5.0
	500	14.0	13.0	16.0	6.0	14.0	16.0	6.5
	750	19.5	18.5	21.5	7.0（10）	19.5	21.5	7（10）

续表

项目		铁路	公路		电车道（有轨及无轨）	
最小水平距离（m）	标称电压（kV）	杆塔外缘至轨道中心	塔杆外缘至路基边缘		塔杆外缘至路基边缘	
			开阔地区	路径受限制地区	开阔地区	路径受限制地区
	110 220 330 500 750	交叉：塔高加3.1m，无法满足要求时可适当减小，但不得小于30m	交叉：8、10（750kV）	5.0 5.0 6.0	交叉：8、10（750kV）	5.0 5.0 6.0
		平行：塔高加3.1m，困难时双方协商确定	平行：最高杆（塔）高	8.0（15）10（20）	平行：最高杆（塔）高	8.0 10.0
附加要求		不宜在铁路出站信号机以内跨越	括号内为高速公路数值。高速公路路基边缘指公路下缘的排水沟		—	—
备注		—	城市道路分级参照公路的规定		—	—

表 2-5 输电线路与河流、管道及各种架空线路交叉或接近基本要求

项目		通航河道	不通航河道	弱电线路	电力线路	特殊管道	索道
导线或地线在跨越档内接头		一、二级：不得接头 三级以下：不限制	不限制	不限制	110kV及以上线路：不得接头 110kV以下线路：不限制	不得接头	不得接头
邻档断线情况的检验		不检验	不检验	Ⅰ级检验 Ⅱ、Ⅲ级：不检验	不检验	检验	不检验
邻档断线情况的最小垂直距离（m）	标称电压（kV）	—	至被跨越物		—	至管道任何部分	
	110	—	1.0		—	1.0	
最小垂直距离（m）	标称电压（kV）	至5年一遇洪水位	至最高航行水位的最高船桅顶	至百年一遇洪水位	冬季至冰面	至被跨越物	至被跨越物	至管道任何位置	至索道任何位置

续表

项目		通航河道		不通航河道		弱电线路	电力线路	特殊管道	索道
最小垂直距离（m）	110	6.0	2.0	3.0	6.0	3.0	3.0	4.0	3.0
	220	7.0	3.0	4.0	6.5	4.0	4.0	5.0	4.0
	330	8.0	4.0	5.0	7.5	5.0	5.0	6.0	5.0
					11（水平）				6.5
	500	9.5	6.0	6.5	10.5（三角）	8.5	6.0（8.5）	7.5	8.0（顶部）、11（底部）
	750	11.5	8.0	8.0	15.5	12.0	7（12）	9.5	

最小水平距离（m）

标称电压（m）	边导线至斜坡上缘（线路至拉杆小路平行）	与边导线间		与边导线间				路径受限制地区（在最大风偏情况下）
		开阔地区	路径受限制地区	开阔地区	路径受限制地区	开阔地区		
110	至高杆（塔）高	平行时：最高杆（塔）高	4.0	平行时：最高杆（塔）高	5.0	平行时：最高杆（塔）高		4.0
220			5.0		7.0			5.0
330			6.0		9.0			6.0
500			8.0		13.0			7.0
750			10.0		16.0			9.0（管道）、8.5（顶部）、11（底部）

附加要求

通航河道 / 不通航河道	弱电线路	电力线路	特殊管道 / 索道
要求最高洪水位时，有抗洪抢险船只航行的河流，垂直距离应协商确定	输电线路应架设在上方	电压较高的线路一般架设在电压较低线路的上方，同一等级电压的电网公用线应架设在专用线上方	（1）与索道交叉，若索道在上方，索道的下方应装保护设施；（2）交叉点不应选在管道的检查井（孔）处；（3）与管、索道平行、交叉时，管、索道应接地

备注

通航河道 / 不通航河道	电力线路	特殊管道 / 索道
（1）不通航河流指不能通航，也不能浮运的河流；（2）次要通航河流对接头不限制；（3）并需满足航道部门协议的要求	括号内的数值用于跨越杆（塔）顶	（1）管、索道上的附属设施，均应视为管、索道的一部分；（2）特殊管道指架设在地面上输送易燃、易烟物品的管道

2.5　输电线路动态增容载流量计算案例

根据摩尔根载流量计算公式［即式（2-33）］，导线规格以及导线最高允许温度确定后，环境温度越低，风速越大，光辐射强度越小，线路实际可输送容量越大。

浙江省电力科学研究院根据监测数据，通过建立数学模型计可算出导线最大允许载流量。以浙江电网嘉兴正秀线为例，其导线型号 LGJ-300，环境温度为 14.4℃，当前导线温度为 16.1℃，风速为 7m/s，日照强度为 500W/m²。该线路载流量计算中各参数及计算结果见表 2-6。

表 2-6 嘉兴正秀线环境温度为 14.4℃，风速为 7m/s，日照强度为 500W/m² 时载流量计算模型中各参数及载流量

符号	含义	数值	单位
θ	导线的载流温升=70℃−当前导线温度	53.9	℃
T	当前导线温度	16.1	℃
v	风速	7	m/s
D	导线外径	23.4	mm
ε	导线表面的辐射系数为0.9	0.9	
S	斯蒂芬−包尔茨系数为5.67×10⁻⁸	$5.67×10^{-8}$	W/（m²·K⁴）
T_c	导线最高承载温度为70℃	70	℃
T_0	环境温度	14.4	℃
a_s	导线吸热系数为0.9	0.9	
Q_s	日照强度为夏1000、春秋，500	500	W/m²
ζ	集肤效应系数：截面积小于等于400mm²时为1.0025，截面积大于400mm²时为1.01	1.0025	
τ	常数	0	
R_{20}	20℃时导线的直流电阻	0.0943	Ω/km
c_p	导线比热容	1231.67	J/（kg·℃）
R_d	导线的直流电阻	0.113	Ω/km
α	温度系数：铝导线为0.00403	0.00403	1/℃
m	单位导线长度质量	1002	kg/km
n	导线分裂根数	2	
	长期动态载流量	2885.22	A
	浙江省电科院程序计算	3019	A

续表

符号	含义	数值	单位
T_{c30}	导线短时最高承载温度	80	℃
	短时动态载流量	3272	A
	浙江省电科院程序计算	3250	A

架空导线载流量计算程序界面如图 2-10 所示。

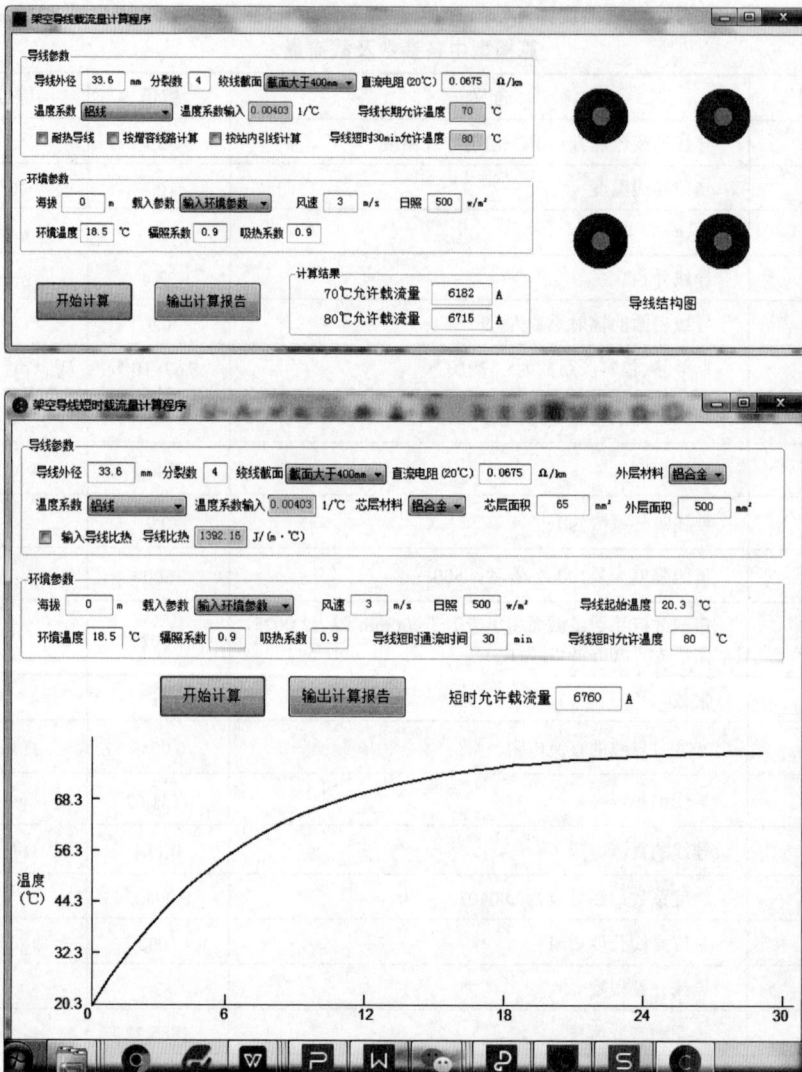

图 2-10　架空导线载流量计算程序界面

第 3 章

架空输电线路输电能力的影响因素

输电线路载流量是指在一定环境条件下可以承受的最大通流能力,载流量决定了导线的输电能力。对导线发热的允许温度进行限定后,各种型号的导线都具有一定的极限载流量。以 500kV 和 220kV 这两种架空输电线路中常用的 G1A-630/45、G1A-400/35、G1A-300/25 钢芯铝绞线为例,它们在 70℃ 的允许温度条件下分别具有 878、662、570A 的极限载流量;在 80℃ 的允许温度条件下分别具有 1065、795、682A 的极限载流量。

输电线路的动态增容能力就是载流量的大小,导线载流量的大小与环境因素和导线自身的能力都关系密切,可以将影响动态增容能力的参数分为环境参数和导线参数两类,具体分析如下。

3.1 影响载流量的环境参数

3.1.1 日照

1. 日照功率对载流量的影响

在输电导线的实际运行中,不同时节、时间段输电线路的日照强度均有所差异,其会受到太阳运动与周围空气状况等因素的影响。不同日照情况下导线载流量的变化如图 3-1 所示,从图 3-1 中能够明显看出导线载流量受日照强度的影响十分显著,其他条件一定时,日照强度从 250W/m² 时其载流量约为 950A,变化到日照强度 1000W/m² 时其载流量约为 750A,导线载流量的值减小了 20% 左右。

2. 日照吸收系数对载流量的影响

DL/T 5092—1999《(100～500) kV 架空送电线路设计技术与规程》中给定了日照功率的吸收系数,规定光亮的新线取值为 0.23～0.43,而旧线或涂黑色防腐剂的线取值为 0.9～0.95。对于确定型号确定使用环境的导线,载流量受吸收系数影响的曲线如图 3-2 所示。

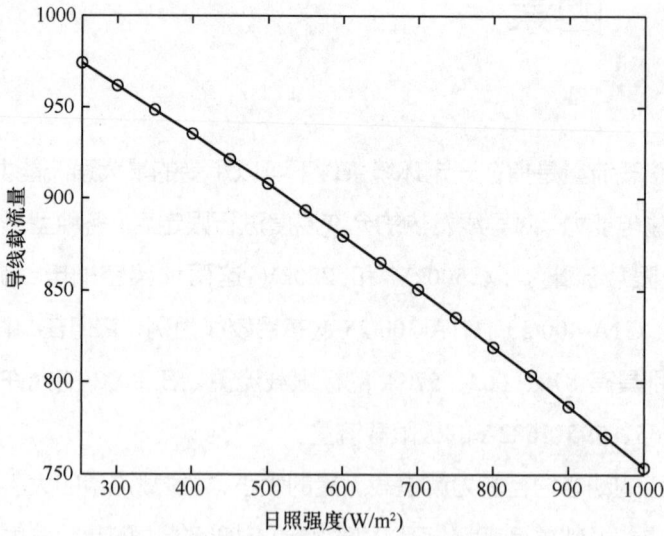

图 3-1　导线载流量与日照强度间的关系曲线

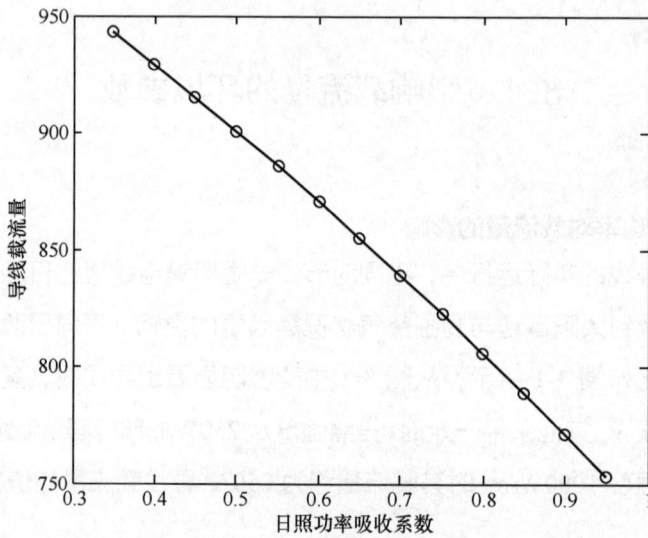

图 3-2　日照吸收系数与载流量计算结果的关系曲线

　　从图 3-2 能够看出日照功率吸收情况对于载流量计算结果有一定的影响，因此，要保证载流量计算的规范性，应对日照吸收系数取值给出严格的规定。

3．季节对日照功率的影响

根据 IEEE738—2006 标准给出的计算方法可以分别计算华东地区 2 月、8 月期间，不同纬度地区的日照强度情况，如图 3-3 所示。

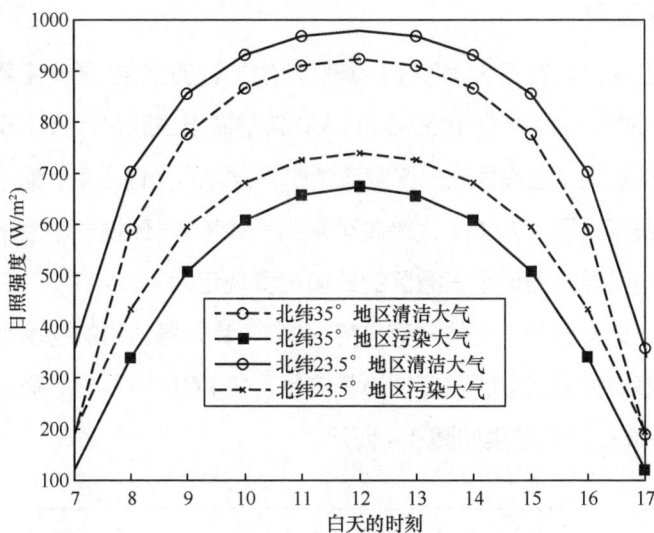

纵轴：日照强度 (W/m²)
横轴：白天的时刻

图例：
○ - 北纬35°地区清洁大气
■ - 北纬35°地区污染大气
○ - 北纬23.5°地区清洁大气
✕ - 北纬23.5°地区污染大气

（a）2月华东地区日照功率分析

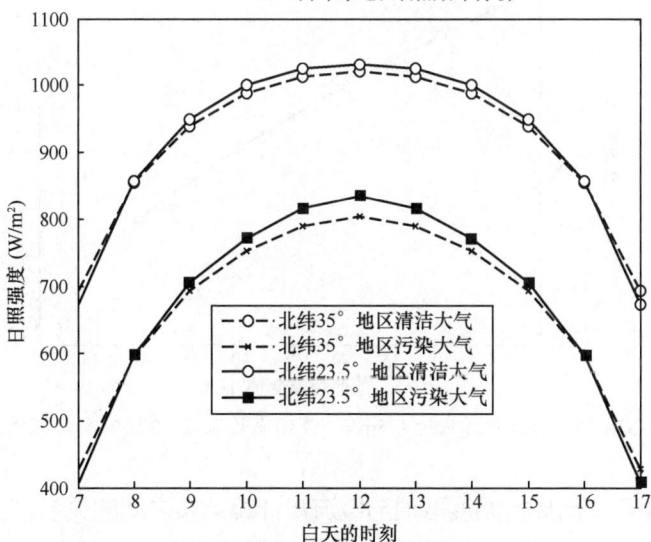

纵轴：日照强度 (W/m²)
横轴：白天的时刻

图例：
○ - 北纬35°地区清洁大气
✕ - 北纬35°地区污染大气
○ - 北纬23.5°地区清洁大气
■ - 北纬23.5°地区污染大气

（b）8月华东地区日照功率分析

图 3-3　华东地区日照功率情况分析

由图 3-3 可以看出，2 月，华东北部地区的日照强度明显低于南部地区，中午时的南北地区日照强度的差值可以达到 100W/m²；在夏季的 8 月，日照强度较大，10:00～14:00 的 4h 内日照强度能够达到 1000W/m²，而且南北地区的日照强度相当。

3.1.2 环境温度

环境温度条件能在很大程度上影响载流量的计算结果，是确定载流量的关键参数。DL/T 5092—1999《（100～500）kV 架空送电线路设计技术规程》给出的气象边界条件规定，验算导线允许载流量时，导线的允许温度：钢芯铝绞线和钢芯铝合金绞线可采用 +70℃（大跨越可采用 +90℃）；环境气温应采用最高气温月的最高平均气温；而典型气象区的环境温度规定为 40℃。

实际上，环境温度不可能一直维持 40℃，我国各省市的冬季平均气温一般远低于这个值。根据实际的温度计算载流量，如 LGJ630 导线，风速 0.5m/s，最高允许温度 90℃ 时的结果如图 3-4 所示。

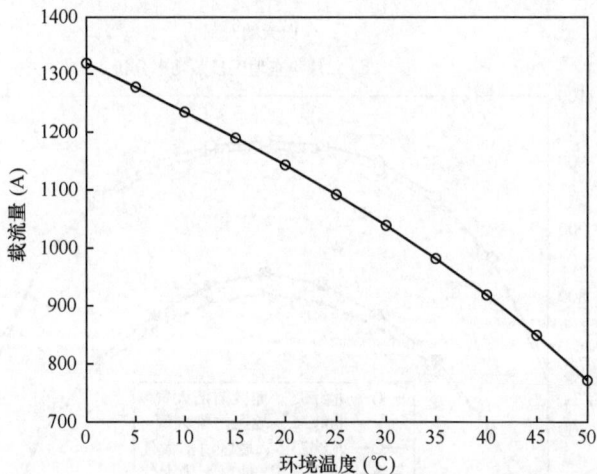

图 3-4　LGJ630 导线载流量（风速 0.5m/s，最高允许温度 90℃ 时）与环境温度的关系

从图 3-4 可看出环境温度取值与载流量计算结果之间的关系。当环境温度为 40℃ 时，载流量约为 920A，环境温度为 0℃ 时，载流量约为 1320A，载流量增大幅度约 40%；可见 DL/T 5222—2021《导体和电器选择设计技术规程》在载流量计算方面的裕度较大，导线的载流量仍有挖掘的潜力。华东地区各省市的夏季

温度普遍超过 35℃，环境温度升高会使线路载流能力下降，与此同时对用电需求量更大，所以在用电高峰期采用相应增容措施是很有必要的。

3.1.3 风速

环境风速影响了导线与环境之间的对流热交换，从而影响导线的输送载流量。DL/T 5222—2021《导体和电器选择设计技术规程》中采取相对保守的规定，取风速为 0.5m/s（大跨越取 0.6m/s），该取值相对较为保守，几乎相当于无风条件。实际条件下，导线往往处于微风的作用下，风速大于这个值，散热条件较好，载流量也有一定程度的增加。当环境温度为 40℃，最高允许温度取 90℃时，LGJ630 导线载流量受风速影响的结果如图 3-5 所示。

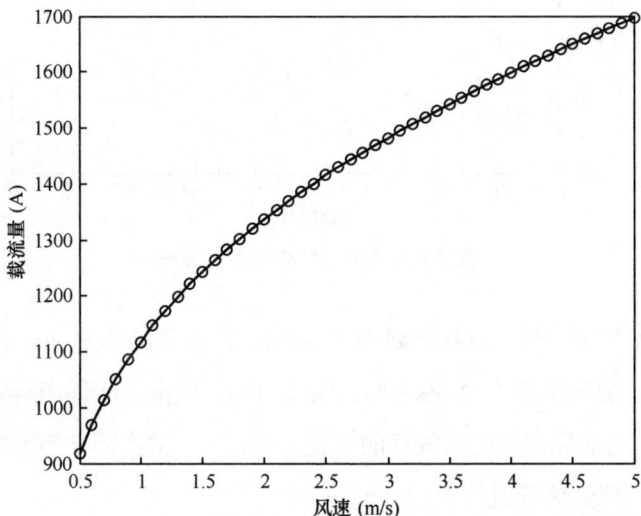

图 3-5　LGJ630 载流量（环境温度为 40℃，最高允许温度取 90℃时）受风速条件影响的情况

图 3-5 的计算结果表明载流量大小受风速条件的影响十分显著。风速越大，线路的温升越小；反之，风速越小，温升越大。风速还会影响弧垂，风速大的一段线路，温度较低，线会更加紧绷；相反，在无风或弱风状态下的线路，温度更高，线会变得更松弛，弧垂越严重。风速的变化受地形、高度和气候的影响较大，各地的风速统计值资料十分有限，而且线路实际运行中风速的变化情况很难预估。所以，虽然风速计算条件十分保守，但本文认为风速条件的取值应当继续采

取相对保守的取值策略。

3.1.4 风向角

在外界环境中，风向也是一个很不稳定的因素，其变化的随机性很大。风向角对载流量的影响如图 3-6 所示。

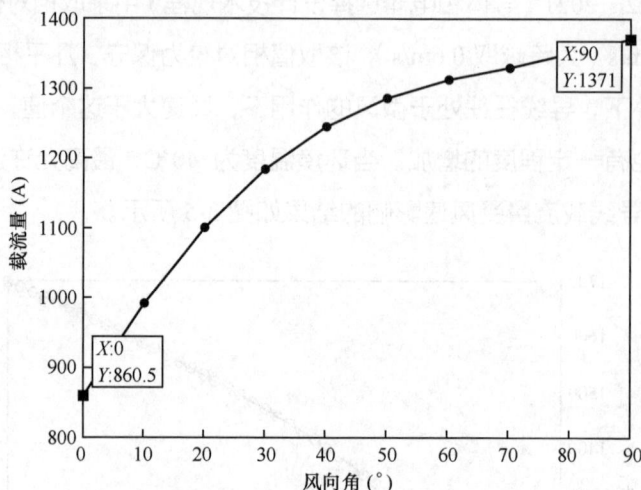

图 3-6 风向角对载流量的影响

当风向角为 0° 时，其载流量约为 860.5A；当风向角为 90° 时，其载流量约为 1371A，提升幅度约为 59.33%；由此可知，风向对于输电导线载流量的影响也比较大。考虑到风向的空间和时间变化均过大，故实际动态增容系统中对风向往往按较为恶劣情况进行考虑。

3.1.5 吸热系数和辐射系数

在日照参数的讨论中，已经分析了日照功率吸收条件对载流量计算结果的影响。

导线的新旧程度决定了导线表面的吸热系数和辐射系数的具体数值，对于确定的导线，导线的热辐射和热吸收系数也已确定，而且两者间有一致的对应关系，本文建议计算导线载流量时这两个系数取相同的值，根据此条件可以分析热辐射（吸收）系数对载流量计算结果的影响，如图 3-7 所示。

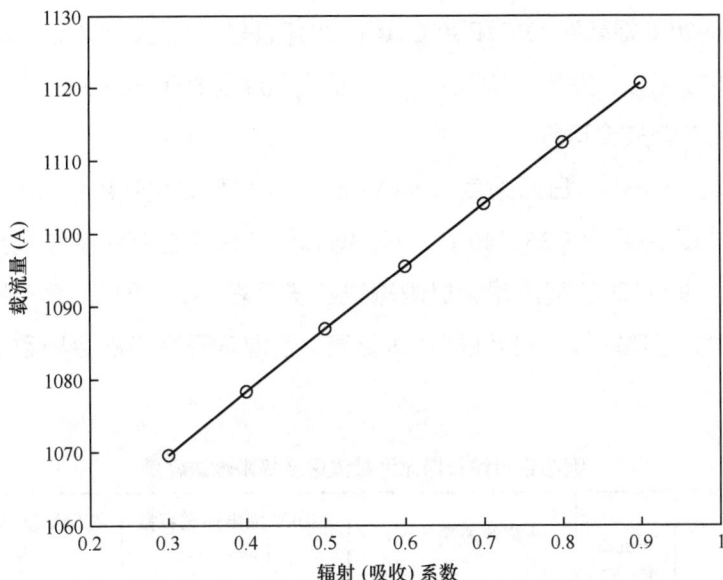

图 3-7　热辐射（吸收）系数对载流量的影响

当确保热辐射和热吸收系数的一致性后，载流量将随着热辐射（吸收）系数的增大而增大。从图 3-7 可以看出，系数从 0.3 增加到 0.9，导线载流量只减少不到 1%，由此可知导线表面吸热系数和辐射系数对载流量影响不大。

目前我国经济发展迅速，空气中的有机污染物较多，不需要很长时间导线表面光泽程度就会显著下降，鉴于此情况，建议投运 1 年以上的导线辐射（吸收）系数统一取值为 0.9，同时开展对导线表面变化的情况的调研统计和试验研究，基于调研和研究结果确定新导线表面光泽下降的准确期限，并给出唯一的取值，以使导线载流量计算更加规范。

3.2　影响载流量的导线自身参数

3.2.1　导线运行允许最高温度

导线运行允许最高温度越高，线路传输的容量就越大。在长期电流作用下，国际上通常按 30 年运行时期考虑，按预计的导线强度损失不大于 7%～10%来设定导线发热允许温度。按此要求，若将我国使用的钢芯铝绞线和铝绞线的发热允许温度从70℃提高到80℃和90℃,运行30年,其强度损失能满足不大于7%～10%的要求。所以,提高钢芯铝绞线允许最高温度到80℃和90℃。对导线本身来说并不影响其安全运行。

当风速 0.5m/s、日照强度 1000W/m² 、辐射系数和吸热系数都设定 0.9时,不同的环境温度(35、40℃)下,钢芯铝绞线和全铝合金绞线允许温度为 70、80、90℃ 时的载流量和极限输送容量见表 3-1。可见,载流量的增加是很可观的,但是对导线的性能要求更高,且温度升高必然会导致线路弧垂的增加。

表 3-1　　　　　　　　钢芯铝绞线长期允许载流量及极限输送容量

型号	环境温度(℃)	计算载流量(A)			220kV 极限输送容量(MVA)			220kV 输送有功容量(MW)		
		70℃	80℃	90℃	70℃	80℃	90℃	70℃	80℃	90℃
2×JLHA1-300	35	1038	1230	1390	396	469	530	356	422	477
	40	918	1134	1308	350	432	498	315	389	449
2×LGJ-300/25	35	1156	1374	1552	440	524	591	396	471	532
	40	1022	1266	1460	389	482	556	350	434	501
2×JLHA1-400	35	1264	1508	1710	482	575	652	433	517	586
	40	1114	1388	1608	424	529	613	382	476	551
2×LGJ-400/35	35	1346	1604	1816	513	611	692	462	550	623
	40	1184	1476	1708	451	562	651	406	506	585

3.2.2　导线交流电阻

在直流的作用下,导体产生的损耗正比于导体的直流电阻;而在工频交流的作用下,导体在交流电的作用下电阻略高于其直流电阻。其主要原因为趋肤效应、磁滞损耗、绞线中线股的实际长度要比导线长度长 2%～3%。趋肤效应会造成导线在交流电场的作用下电流密度径向分布不均匀,导致导体中心部分利用不足,从而造成损耗上升;磁滞损耗是钢芯铝绞线特有的一种现象,由钢芯在导线形成的交变电场中产生的涡流引起,其机理如图 3-8 所示。

（a）钢芯内部产生涡流的机理示意图

（b）钢芯产生交变磁场的机理示意图

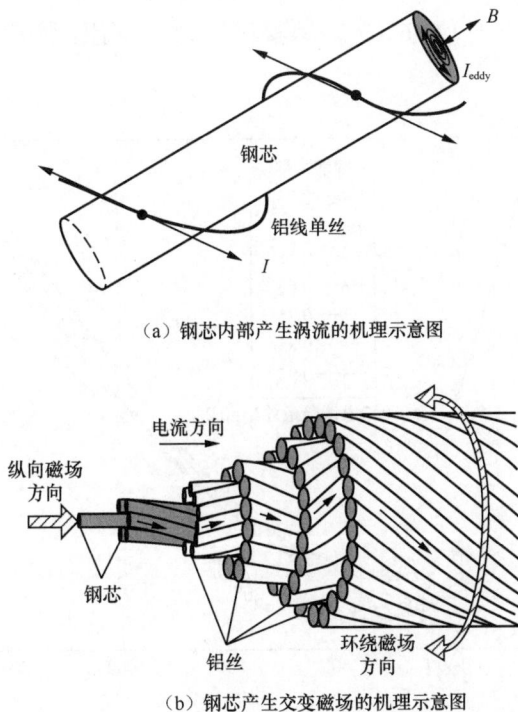

图 3-8　钢芯铝绞线产生涡流损耗的机理示意图

　　铝丝层中每层电流由两个方向的分量组成，而且会产生两个方向的磁场分量，一个分量的方向为沿导线轴向，另一个分量为环绕导线的方向。环绕导线方向的磁场是轴向电流产生的，而沿导线轴向的磁场分量是由环绕导线方向的电流分量产生的。轴向的磁场分量会在钢芯中产生涡流和磁滞损耗。

　　英国摩尔根（Morgan）公式推导了计算钢芯铝绞线损耗的大小，涡流和磁滞损耗引起的导线电阻增量公式，根据钢芯铝绞线交、直流电阻比计算的相关理论能够看出交直流电阻比测量困难。为了说明交、直流电阻比受环境条件的影响，本文计算了环境温度 20℃、风速为 0 时，LGJ630/45 型导线在不同辐射系数条件下的交、直流电阻比随电流大小不同的变化情况，结果如图 3-9 所示。

　　由图 3-9 可以看出，随着辐射系数选取的不同，导线交、直流电阻比与导线电流呈现不同的非线性关系，当辐射系数较小时，曲线呈现 U 形；当辐射系数较大时，交、直流电阻比随电流上升而上升。导线交、直流电阻比和电流间的关系不仅与辐射系数有关，也与风速等散热条件有关，图 3-10 给出了环境温度

20℃，不同风速条件下 LGJ630/45 型导线交、直流电阻比随电流大小的变化的理论分析结果。

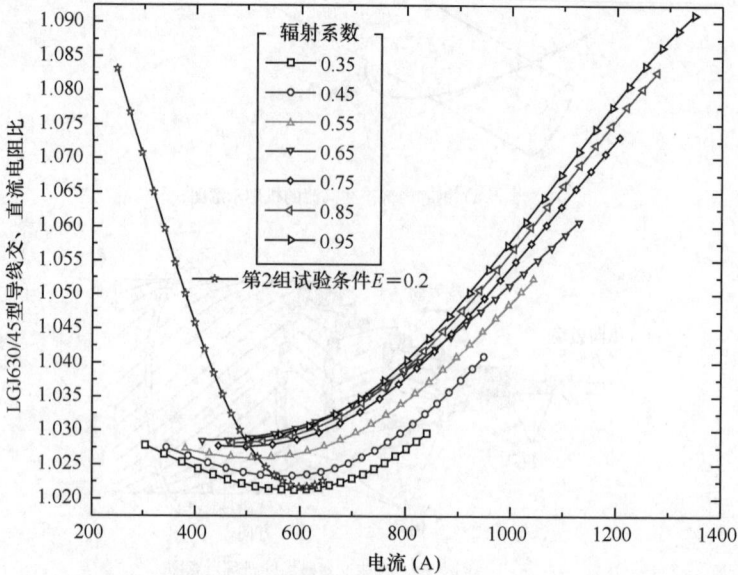

图 3-9　不同辐射系数下 LGJ630/45 型导线交、直流电阻比随电流大小不同的变化情况
（环境温度 20℃，风速为 0 时）

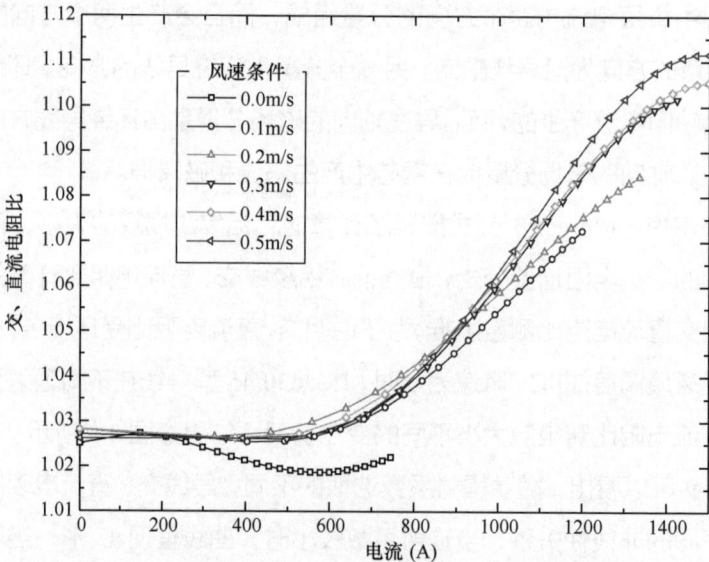

图 3-10　LGJ630/45 型导线交、直流电阻比与电流关系随风速变化的分析

从图 3-10 可以看出，当风速为 0 时，导线交、直流电阻比随电流上升有部分区间呈现下降的趋势，风速较大的条件下则基本呈现上升的趋势。

通过不同组别交、直流电阻比试验结果的分析能够看出，钢芯铝绞线的交、直流电阻比与电流大小、风速、辐射系数、热吸收系数等参数都有关系，应用时必须确定参考值给定环境条件与应用时的条件吻合。同时，可以看出交直流电阻比的最大值一般在 1.10 左右有极大值。因而在载流能力和损耗等情况计算中，交流电阻造成的影响还是比较大的。

3.2.3 导线电流密度分布

在实际运行环境中，导线表面的温度测量是一件极其困难的事情，钢芯温度和铝线温度不会相同，钢芯温度和铝线温度也有着不同的边界条件。为了说明这个问题，可以进行两个方面的分析。

1. 钢芯铝绞线截面的电流密度分布

对于钢芯铝绞线，内部的钢芯由于涡流损耗发热，铝丝由于电阻发热，因而导线在导电的过程中是一个具有内热源的导体，内部的温度是不均匀的。摩根（Morgan）在这个领域进行了较为深入的研究，建立了铝层内部的电流密度及电角度的物理模型，图 3-11 为针对 Grackle54/19 型导线通流约 1600A 条件下（铝截面积约 600mm^2，导线结构类似 LGJ630/80）的研究成果。

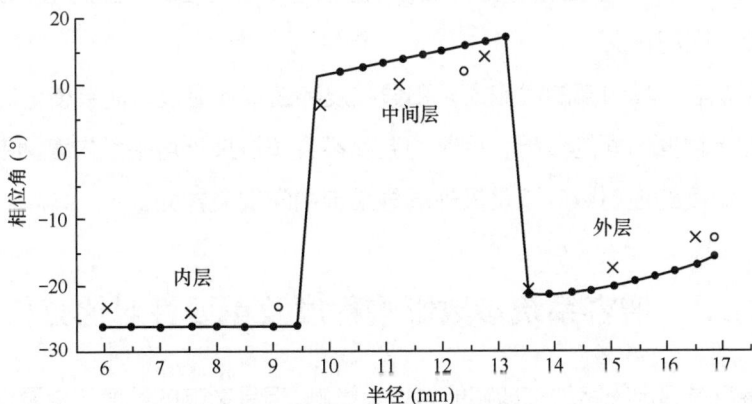

（a）钢芯铝绞线铝层中的电流密度分布

图 3-11 Morgan 对钢芯铝绞线内部电流密度及电流相位角的研究（一）

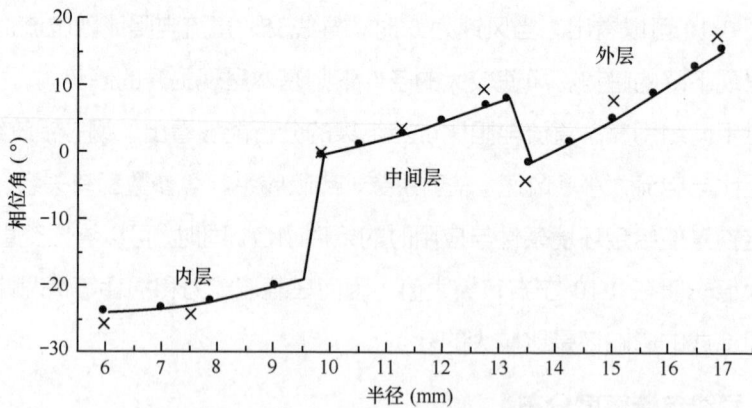

（b）钢芯铝绞线铝层中的电流相位分布

图 3-11　Morgan 对钢芯铝绞线内部电流密度及电流相位角的研究（二）

从图 3-11 可以看出铝线层内部的电流密度是不同的，而钢芯中的涡流损耗与导线结构和电流大小的关系极为密切。电流密度的分布决定了导线截面上热源的分布，由于最外层铝导线的外表面存在对流散热方式，因此表面温度受空气状态（流速、密度、黏度）的影响大，而中间层与外层间的温度往往是铝层中温度相对较高的。

2.　钢芯与铝层温度的边界条件

铝丝温度过高会引起铝材料强度下降，传统要求为 70℃，目前已经允许铝材料的温度为 80℃，因而需要确保最外层铝与中间层铝的界面处温度低于最高允许温度的限制。

对于钢芯，其内部的涡流损耗和导线发热造成的温度过高会使钢芯伸长和退火，但是根据前面的分析，钢芯的温度不会超过最外层铝丝内表面的温度，因而导线温度的控制点应该是最外层导线与中间层交界面。

3.3　增容系统参数影响程度及重要性对比分析

各参数对确定线路动态增容能力均有影响，但是影响的程度和重要性各有不同，对比结果如表 3-2 所示。

表 3-2 影响线路动态增容的参数对比分析

参数名称	测量难度	影响程度	典型值	稳定性	敏感排序
风速	可测	每高1m/s提高约350A	0.5m/s	差	1
日照强度	困难	每高100W/m²下降38A	1000W/m²	差	2
环境温度	可测	每高1°C下降10A	40°C	中	3
交直流电阻比	困难	对载流量影响约3%左右	1.05	好	4
散(吸)热系数	困难	变化0.1电流影响约9A	旧线0.9	好	5

除了气象因素和导线自身因素这些主要影响因素外，还有其他影响导线的输电能力的因素。

第 4 章

架空输电线路动态增容系统

输电线路动态增容技术通过实时采集或预测线路的环境和导线状态信息,在不突破 DL/T 5222—2021《导体和电器选择设计规程》的前提下,根据增容模型获取线路最大允许载流量,从而提升输电系统的传输效率和传输容量。

线路的输送容量由输电线路、变电设备和相关的电网运行共同确定。制约架空输电线路最大载流量的根本问题是导线温度和弧垂问题。当提高导线输送容量后,导线温度升高,弧垂增大,机械强度略有下降,绝缘安全裕度下降。所以对于输电线路,线路运行的边界条件包括线路的最高允许温度和线路的安全距离两个限制条件。对于电网运行,输电设备的负荷水平由送端和受端共同决定,在安全稳定约束的前提下动态增容技术的应用还会受到潮流输送方向、网架结构和电网备用容量(含备用负荷)等方面的限制。

4.1 边 界 条 件

从线路本体、设备运行要求和电网运行要求三个方面来分析动态增容技术的边界条件。

4.1.1 线路本体约束

1. 导线强度

导线和金具的载流能力是限制线路载流能力的关键因素。而动态增容技术的基本思路恰恰可以实现在不突破导线最高允许温度的条件下,提升导线输送容量。因此,无论是按照老标准最高允许温度 70℃ 设计的线路,还是按照最高允许温度 80℃ 设计的线路均可开展动态增容。

2. 串内设备的额定电流

在输电线路应用动态增容技术时,应同步考虑隔离开关、断路器、电流互感器等变电设备的载流能力。由于开关设备额定电流是按照 GB/T 762—2002《标准电流等级》和 DL/T 5222—2021《导体和电器选择设计规程》选取的,且不具备长时间的过载能力，而导线的动态载流能力是依赖于环境因素随时变化的，因此导线的动态载流能力与开关额定电流会出现不匹配的现象。尤其对于大截面导线，当采取动态增容策略时，动态提升的载流能力很可能超过配套变电设备的载流能力。因而，串内设备的载流能力很可能成为大截面导线动态增容的能力约束。

3. 金具的健康状态

按照设计和建设标准，金具的导电能力应优于或相当于等长度的导体，但是金具导电能力是依靠电接触实现的。电力系统中的电接触结构大致可以分为固定接触、滑（滚）动接触和可分接触三个大类。在理论上，通常将两个金属面接触实质描述为多个点接触，由于点接触会改变接触面上电流密度的分布，因而接触电阻在理论上通常被描述为两个接触物的收缩电阻（由于电流密度分布不均匀造成）和表面电阻（膜电阻）串联的形式。而点接触受到外力影响，其接触面会发生变化，因而在材料、接触方式、表面特性一定的条件下，接触电阻可以被描述为压力的函数。在输电线路的导电部分中，除导线外，连板、线夹、接续管等金具的电接触大多属于固定接触类的电接触，其接触电阻可以用经验公式描述

$$R_{\mathrm{c}} = \frac{K_{\mathrm{c}}}{(0.102F)^m} \qquad (4\text{-}1)$$

式中　R_{c}——接触电阻，$\mu\Omega$；

　　　F——接触压力，N；

　　　K_{c}——与接触材料、表面、接触方式等有关的系数，通常实验得出；

　　　m——接触形式有关的系数对点、线、面接触，分别取 0.5、0.7、1。

合格的金具不会造成明显的温升，但如果在线路建设过程中导电金具的安装存在潜在的质量问题，将会使连接处出现较高的运行温度。按照试验结果，对于 LGJ630/45 的导线金具，温度每上升 1℃，金具握力可能下降 0.07%，而不良金具在大电流运行条件下的温升将极为严重，高温会导致金具握力下降，进而造成接触电阻上升，导致进一步温升，出现恶性循环。利用式（4-1）和试验规律，可以得到不良金具在大电流条件下受到破坏的一般规律，如图 4-1 所示。

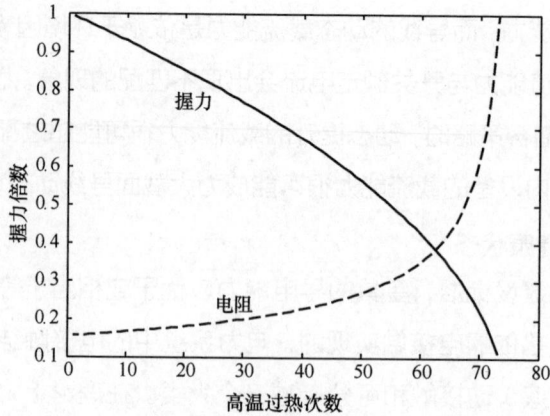

图 4-1 线路不良金具高温劣化的归一化示意图

不良金具导致的接触点温升可能造成恶性循环，进而威胁运行安全。然而，由于目前很多线路的运行温度相对较低，负荷电流相对较小，在一般情况下，电流型的缺陷不易暴露；而采用动态增容技术后，会增大线路负荷电流，一些潜伏性缺陷容易暴露，造成对动态增容能力的约束。

4.1.2 线路运行约束

1. 弧垂因素

弧垂和净距控制是输电线路运行的基本要求，弧垂是按照环境温度（最热平均温度）定位并按最高允许温度控制的。根据传统的运行要求，只要线路潮流小于线路限额，则线路任何一点弧垂都不会超过 GB 50545—2010《110kV～750kV 架空输电线路设计规范》中对于交叉跨越的要求，从而确保安全运行。影响弧垂的因素有很多，其中主要有导线应力、传输容量、大气温度、风、导线覆冰等。导线应力是决定弧垂的主要因素，导线的应力变大弧垂变小；提高导线的传输容量，或者气温升高，必然会引起导线发热，导线温升，会影响弧垂的变化，温度越高，弧垂会越大；导线覆冰也会使弧垂增大造成闪络并有可能烧伤烧断导线。当线路采用动态增容技术后，最有效方案是直接对弧垂进行测量，使线路满足 GB 50545—2010《110kV～750kV 架空输电线路设计规范》中对于交叉跨越的规范要求。

2. 温升速率

在实际运行情况条件下，负荷转移可以瞬间完成，导线的负荷电流可以瞬间增加几百到上千安培，由于负荷电流产生的热量大于耗散的热量，导线的温度将上升，但是温度上升是有一个过程的。由起始温度升到终极温度，理论上是个无限长的过程。达到终极温度前，单位时间产生的能量与耗散能量的差将越来越小，升温速度越来越慢。在实际中，当导线温度和名义的终极温度的差别被温度波动掩盖时，就认为达到了新的平衡。

3. 温升的理论及计算方法

IEEE 738—2006 对暂态导线温度给出了说明，用式（4-2）描述

$$q_{\mathrm{c}} + q_{\mathrm{r}} + mC_p \frac{\mathrm{d}T_c}{\mathrm{d}t} = q_{\mathrm{s}} + I^2 R(T_c) \tag{4-2}$$

式中　q_{c}——单位长度导线的对流热散失，W/m；

　　　q_{r}——单位长度导线的辐射热散失，W/m；

　　　q_{s}——单位长度导线的日照加热功率，W/m；

　　mC_p——导体的总比热容，J/（m·℃）；

$R（T_{\mathrm{c}}）$——导体在温度为 T_{c} 时的电阻，Ω/m。

如果仅考虑自然对流，即风速为 0m/s 时，对流热散失 q_{cn} 可以用式（4-3）描述

$$q_{\mathrm{cn}} = 0.0205 \rho_{\mathrm{f}}^{0.5} D^{0.75} (T_{\mathrm{c}} - T_{\mathrm{a}})^{1.25} \tag{4-3}$$

式中　ρ_{f}——空气密度，kg/m³；

　　　D——导线直径，mm；

　　　T_{c}——导线温度，℃；

　　　T_{a}——环境温度，℃。

如果有一定风速，可以考虑强制对流散热，风速较低的情况下，对流热散失 q_{c1} 可以用式（4-4）描述

$$q_{\mathrm{c1}} = \left[1.01 + 0.0372 \left(\frac{D \rho_{\mathrm{f}} V_{\mathrm{w}}}{\mu_{\mathrm{f}}} \right)^{0.52} \right] k_{\mathrm{f}} K_{\mathrm{angle}} (T_{\mathrm{c}} - T_{\mathrm{a}}) \tag{4-4}$$

式中　k_{f}——空气热导率，W/（m·℃）；

　　　μ_{f}——空气的动态黏度，Pa·s；

K_{angle}——风速和导线的夹角，90°夹角时为 1；

V_w——风速，m/s。

辐射热散失 q_r 可以用式（4-5）描述

$$q_r = 0.0178D\varepsilon\left[\left(\frac{T_c + 273}{100}\right)^4 - \left(\frac{T_a + 273}{100}\right)^4\right] \qquad （4-5）$$

式中　ε——辐射系数，按导线新旧可以取值 0.23~0.91。

总比热容可以用各部分材料的比热容进行累加得到，总比热容可以用式（4-6）描述

$$mC_p = \sum m_i C_{pi} \qquad （4-6）$$

由于不同型号导线的铝钢比不同，单位长度导线的总比热也不尽相同，表 4-1 列出了输电线路常用导线的总比热容。

表 4-1　　　　　　　　　　常用导线的总比热容

标称截面积（铝/钢，mm²）	结构根数		计算截面积（mm²）		单位长度质量（kg/m）		导线计算直径（mm）	20℃的直流电阻不大于（Ω/km）	导线的总比热容[J/（m·℃）]
	铝	钢	铝	钢	铝	钢			
240/30	24	7	244.29	31.67	0.660	0.247	21.60	0.11810	748.186
240/40	26	7	238.85	38.90	0.646	0.303	21.66	0.12090	760.987
240/55	30	7	241.27	56.30	0.652	0.439	22.40	0.11980	831.837
300/15	42	7	296.88	15.33	0.802	0.120	32.01	0.09724	823.273
300/20	45	7	303.42	20.91	0.820	0.163	23.43	0.09520	860.872
300/25	48	7	306.21	27.10	0.828	0.211	23.76	0.09433	891.057
300/40	24	7	300.09	38.90	0.811	0.303	23.94	0.09614	919.070
300/50	26	7	299.54	48.82	0.810	0.381	24.26	0.09636	954.481
300/70	30	7	305.36	71.25	0.825	0.556	25.20	0.09463	1052.783
400/20	42	7	406.40	20.91	1.098	0.163	26.91	0.07104	1126.701
400/25	45	7	391.91	27.10	1.059	0.211	26.64	0.07370	1112.280
400/35	48	7	390.88	34.36	1.057	0.268	26.82	0.07389	1136.576

续表

标称截面积（铝/钢，mm²）	结构根数		计算截面积（mm²）		单位长度质量（kg/m）		导线计算直径（mm）	20℃ 的直流电阻不大于（Ω/km）	导线的总比热容[J/（m·℃）]
	铝	钢	铝	钢	铝	钢			
400/50	54	7	399.73	51.82	1.080	0.404	27.63	0.07232	1224.246
400/65	26	7	398.94	65.06	1.078	0.507	28.00	0.07236	1271.365
400/95	30	19	407.75	93.27	1.102	0.728	29.14	0.07087	1398.844
630/45	45	7	623.45	43.10	1.685	0.336	33.60	0.04633	1769.374
630/55	48	7	639.92	56.30	1.730	0.439	34.32	0.04514	1860.898
630/80	54	19	635.19	80.32	1.717	0.626	34.82	0.04551	1937.869

注 铝密度 2.7×103kg/m³，钢密度 7.8×103kg/m³，铝比热容 955J/（kg·℃），钢比热容 476J/（kg·℃）。

导电材料的电阻率会随温度发生变化，一般将导线电阻随温度变化的情况表示为式（4-7）的形式

$$R(T_c) = R_{20}[1 + \alpha(T_c - 20)] \qquad （4-7）$$

式中　　α——导线电阻温度系数，本文取 0.0045℃$^{-1}$；

　　　　T_c——导线的运行温度。

4. 温升速率的影响因素分析

根据温升速率的理论，温升速率受多种因素的影响，这些因素可以归纳为外部环境、导线自身和负荷电流三个方面。

（1）散热条件对温升速率的影响。对于散热条件来说，风速是影响散热的关键之一。为了分析风速对温升速率的影响，仿真构建的计算条件如下：在出现电流跃升前后，风速、日照、导线温度等均保持恒定；电流跃升前，导线电流保持一致。初始条件如表 4-2 所示。

表 4-2　　　　等电流条件下导线温升速率仿真计算的初始条件

初始条件	导线型号	导线温度（℃）	环境温度（℃）	正交风速（m/s）	初始电流（A）	最终电流（A）
1	LGJ400/35	70	40	0.5	587	1164

初始条件	导线型号	导线温度（℃）	环境温度（℃）	正交风速（m/s）	初始电流（A）	最终电流（A）
2	LGJ400/35	63.5	40	1.0	587	1164
3	LGJ400/35	58.1	40	2.0	587	1164

LGJ400/35 型单导线在等电流条件下导线温升速率仿真计算结果如图 4-2 所示。

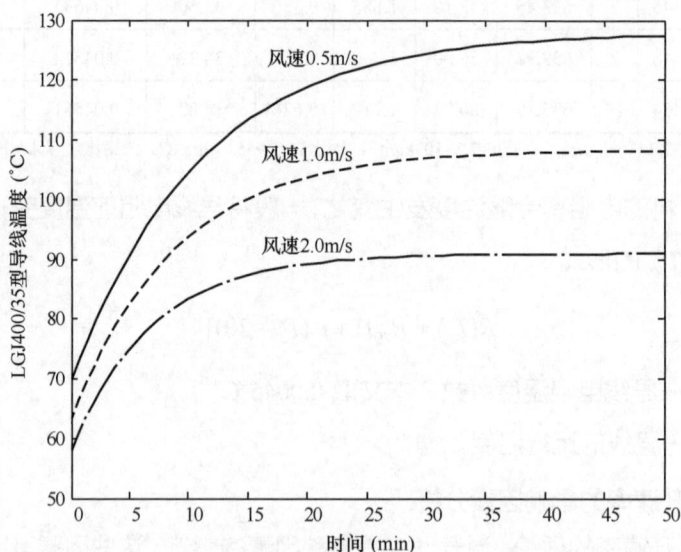

图 4-2 LGJ400/35 型单导线在等电流条件下导线温升速率仿真

从图 4-2 可以看出，在初始和最终负荷电流一致的情况下，由于风速的差异，导线重新达到平衡的温度不同。平衡前，不同风速条件下的导线温升速率不同，风速越大温升速率越慢，不同风速条件下到达同一温度所需的时间差异较大。

另外，仿真实验发现当负荷水平突然跃升一倍时，温升速率相对较快，即使是在风速为 2m/s 的条件下，10min 温升也可达 20℃，表明在实际的动态增容过程中，虽然风速对于最终的平衡温度有较大的影响，但是当导线已经在高负荷运行状态时，不宜将短时耐受水平与环境条件挂钩。

（2）导线型号对于温升速率的影响。由于导线尺寸、材料、结构不同，热容量不同，单位热量引起的温升也不同，图 4-3 示出了不同类型导线在相同初始温度，风速 0.5m/s，电流过载比例取 1.5 倍条件下，温升速率的区别。

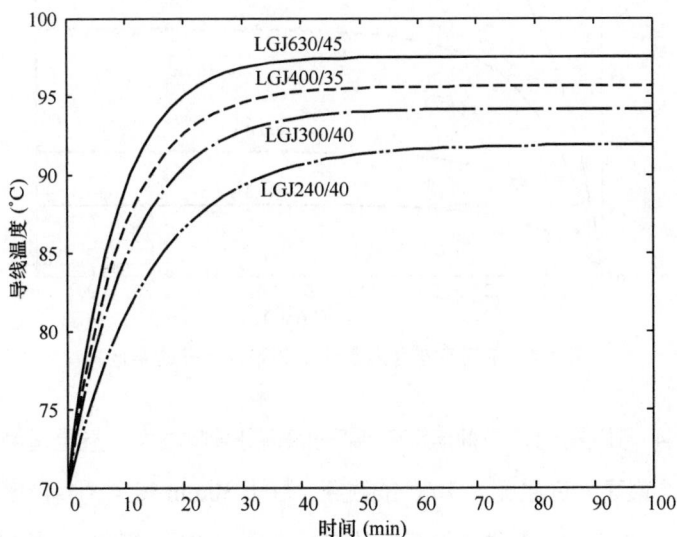

图 4-3 不同类型导线温升速率仿真

从图 4-3 可以看出不同类型导线温升在相同过载倍数的条件下，温升速率并不一致。对于 1.5 倍过载情况，截面积较小的导线温升速率较慢，而截面积大的导线由于本身载流量较大，在同样比例下过载电流也较大，因而温升速率较大、平衡温度较高。所以，动态增容技术的实际应用中，采用倍率衡量增容能力的描述是有较多约束条件的，即不同型号的导线其过载能力也不同；静态增容也有类似的现象。

（3）负载电流对导线温升速率的影响。负载电流跃变的幅度对于导线温升速率的影响很明显，图 4-4 所示为 LGJ400/35 导线从导线温度 70℃，风速 0.5m/s，环境温度 40℃，负荷电流 583A 的条件开始，不同阶跃电流幅度条件下的导线温升速率差异。

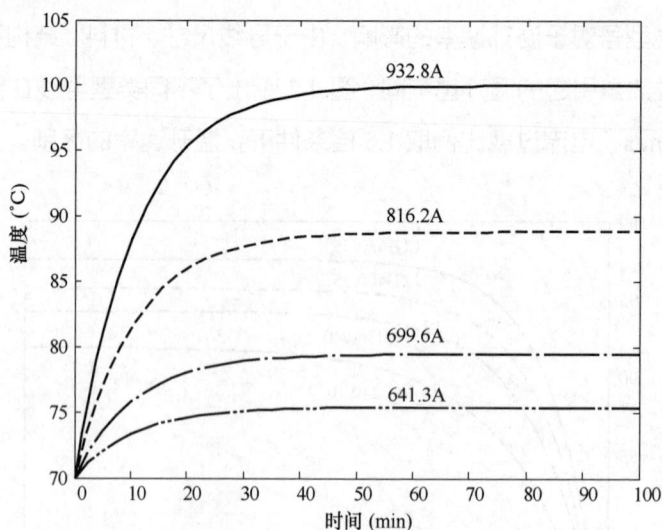

图 4-4　不同负荷电流条件下的导线温升速率仿真

从图 4-4 可以看出，负荷电流对温升速率的影响很大，甚至是绝对性的。另外，对于一个最高允许温度为 70℃ 的线路，基于 30min 安全调整裕度和过载时最高温度不超过 80℃ 两个条件作为底线的最好选择是确定过载能力为 699.6/583=1.2 倍，这也是目前标准框架内 LGJ400/35 导线增容的较为合理边界条件选择。

4.1.3　电力系统约束

对于系统运行，应用动态增容技术限制条件较多，这方面的研究还比较少。分析前，需要对系统运行与设备管理方面两个专业的基本需求基本概念进行分析。对于设备管理，高电压设备运行的边界条件是由设备的电压、功率和状态等因素决定的，设备的负载能力仅仅受到自身的限制，设备管理的基本目标在于确保设备状态良好、运行安全；而对于系统运行专业，系统的稳定和安全是其核心目标，这就要求在一定程度的故障时任何设备的负载可安全的被其他设备分担，以确保能够支撑实时的发用电平衡。对于任何技术的应用，设备管理专业考虑"能力"问题，而系统运行专业考虑"风险"问题。本节将从系统运行角度对不同网架结构条件下，动态增容技术应用的边界限制进行分析。

1. 电源限制型网架结构

目前很多发电企业为了提高发电量，在机组核准和后期运行中会采用不同方法提高单台机组的额定出力。2011 年后，由于政府对供电可靠性要求的提高，发电厂送出能力受到进一步限制，导致电源建设、电网规划及监管政策间的矛盾，从而导致电源送出通道受阻，其基本的网架结构可以用图 4-5 表示。

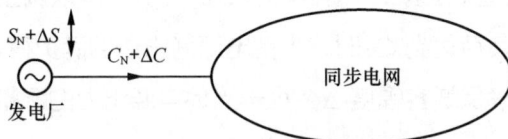

图 4-5　电源限制型的结构示意图

对于图 4-5 所示的结构，电厂机组基本出力为 S_N，原设计的送出能力为 C_N（$S_N = C_N$），如果由于技术条件变化造成机组满出力达到 $S_N + \Delta S$，则需要提升送出通道的输送容量。应用动态增容技术虽然提升了送出能力，但是提升的部分（ΔC）会受到环境变化情况制约，从系统运行的角度需要考虑通道失去 ΔC 时的风险。

同步电网中一般会留有较大的备用容量，对于较小的发电厂，可以认为是无穷大系统，ΔS 出力的波动一般不会对系统造成影响。但是由于送出通道容量限制，运用动态增容技术提升的输送容量必须受到电厂出力实时调整能力的限制。换言之，电厂侧具备的动态调节为 ΔS 时，动态增容的最大额度 ΔC 应满足 $\Delta C \leqslant \Delta S$ 的限制条件。

2. 负荷限制型网架结构

负荷增长的源动力是经济的发展需求，电网的规划和建设应顺应经济发展的需求，并适度超前。虽然电网规划和建设能确保在大范围内与经济发展相协调，但是超前的规划和建设往往不能完全准确地预测局部的负荷增长需求，这就有可能造成大负荷地区出现"卡脖子"现象，这种电网结构如图 4-6 所示。

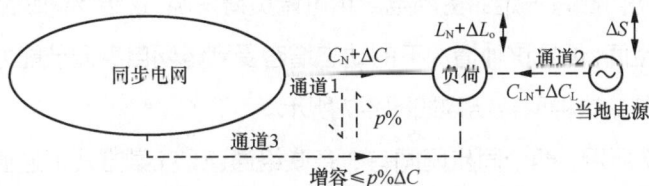

图 4-6　负荷限制型的结构示意图

对于负荷限制型结构，在负荷高峰情况下达到平衡时分区的最大负荷 L_N 减去当地电源的最大出力，应当小于等于通道 1 的限额 C_N；但是如果负荷增长导致通道 1 的负荷超过 C_N，则会造成分区负荷受限导致局部拉限电，此时动态增容应当在通道 1 上实施，增容幅度 ΔC 应小于可以调整的最大负荷 ΔL_0。

如果通道 1 的负荷达到 C_N 时，当地电源尚未达到满负荷，那么对通道 1 实施动态增容时需要确保增容幅度 ΔC 小于当地电源出力的调整能力 ΔS。在这种情况下，如果通道 1 的来电属于清洁能源或者廉价能源，则应用动态增容技术的社会效益和经济效益就能够得到体现。这时需要校核当地电源的调节能力与当地电源送出通道 2 的限额，以确保安全进行动态增容。

对于 500kV 网架，一般情况下一个负荷分区不仅仅有一个供电通道，往往可能形成环网，或者在低一个电压等级形成电磁环网。如图 4-6 所示，如果负荷分区的供电通道除通道 1、2 外还有通道 3，这时对于通道 1 进行动态增容的额度 ΔC 还会受到通道 1 与通道 3 之间负荷转移比 $p\%$ 的约束。即当通道 1 满载，当地电源满出力时，如果通道 3 尚未满载，对于通道 1 实施动态增容的额度 ΔC 应当满足 $\Delta C < \Delta L_0 + p\% \Delta C$，也就是说双通道时比单一通道供电的动态增容额度大。

3. 稳定限制型网架结构

电网发展的一般规律是随着地区经济发展而发展，当形成一定规模的同步电网后，为了实现网间的能源配给，需要在两个同步电网架设多个联络通道；还有一些地区由于经济发展不平衡，甚至会出现两个以上的经济热点地区，有时会出现在同一行政区域内出现利用不多的联络线连接的两个同步电网。由于网间联络通道通常承担着能源调配的作用，因而在同一年的不同季节的不同时间，负荷差异较大，其负荷水平往往呈现出尖峰负荷高、持续时间短的特性。一般情况下，在各同步电网内都有一定的备用电源和可调负荷资源，这给网间联络通道的动态增容提供了空间。但是这种情况下的动态增容受到电网自身调节能力和各通道间转移比的限制，这种网架结构如图 4-7 所示。

如图 4-7 所示，两个同步网间有 3 条联络通道，在某方式下通道 1 已经达到满载，通道 1 的限额为 C_{N1}，通道 2 距离满载还有 ΔC_{N2} 额度，通道 3 距离满载

还有 ΔC_{N3} 额度。通道 1 实施动态增容的额度为 ΔC，如果增加的输送容量突然失去，则潮流即刻向通道 2 和通道 3 转移，转移比分别为 $p1\%$ 和 $p2\%$。

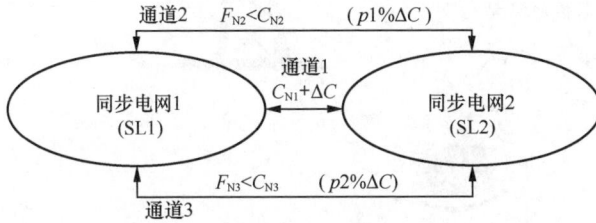

图 4-7　稳定限制型的结构示意图

如果增加的输送容量没有超过断面容量的总和，也就是同时满足 $p1\%\Delta C<\Delta C_{N2}$ 和 $p2\%\Delta C<\Delta C_{N3}$ 的两个条件，就必须要求 $\Delta C<\min$（$\Delta C_{N2}/p1\%$，$\Delta C_{N3}/p2\%$）。

如果增加的输送容量超过断面容量的总和，就需要对送、受端电网的开机方式进行调整，电网稳定将受到一定程度的冲击。假设两个同步电网的小干扰稳定极限分别是 SL1 和 SL2，则通道 1 动态增容限额应当满足 ΔC（$1-p1\%-p2\%$）$<\min$（SL1，SL2）。

4.2　系统组成架构

架空输电线路动态增容就是在输电线路上安装在线监测装置,对导线的状态和气象条件以及当前载流量进行实时监测，并根据实际气象环境、设备数据，如环境温度、湿度、风速、风向、日照以及导线型号、导线发射率、导线吸收率、导线最高温度阻值、弧垂、张力等详细的导线数据，计算输电线路当前的稳态输送容量限额，为调度和运行提供方便及有效的分析手段，通过导线温度在线监测进行实时增容。这样，既能给系统安全分析实时系统提供分析依据，也能给电网调度运行人员提供在线调度运行指导数据，及时对输申线路的热稳定负载进行调整，最大限度地发挥输电线路的输送能力，在提高现有线路输送容量，确保电网安全、稳定、可靠运行水平中起着积极的作用。其结构如图 4-8 所示。

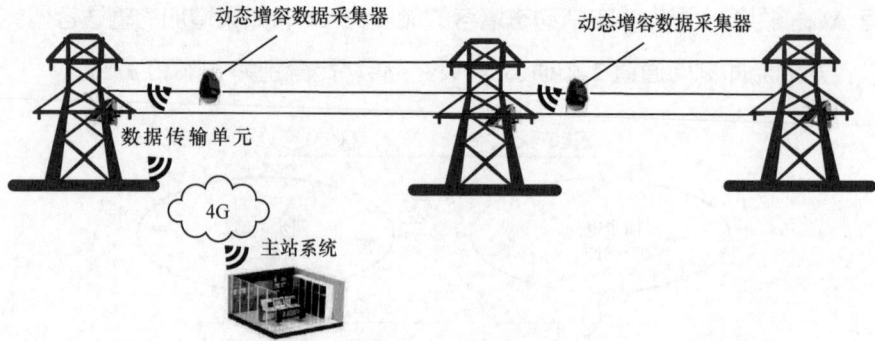

图 4-8　动态增容系统组成架构图

4.2.1　系统结构

动态增容监测系统由监测主站（即后台数据处理系统）、塔上数据监控终端、数据采集单元（即前端测量设备）及供电系统四大部分组成。

（1）主站系统。由服务器及增容计算预测软件组成，用于与用户交互及数据的展示、载流量计算及增容预测。

（2）塔上数据监控终端。由主控处理单元及现场通信单元、远程通信单元组成，主要完成现场数据的采集处理及传输。

（3）数据采集单元。可以包括气象传感器（包括风速、风向、气温、日照等）、导线温度采集单元、弧垂采集单元、张力采集单元等。

架空输电线路动态增容前端装置组成如图 4-9 所示。

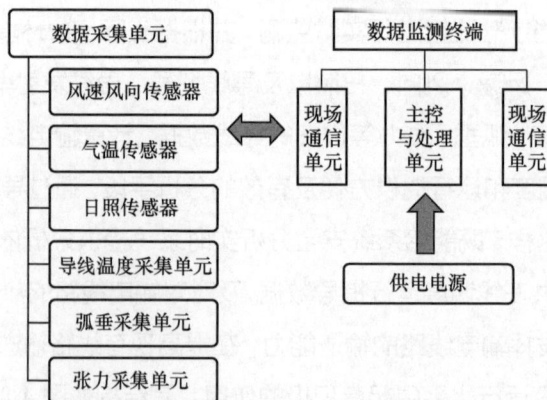

图 4-9　架空输电线路动态增容前端装置的组成

（4）供电系统。由蓄电池及太阳能电池板组成，采用太阳能浮充蓄电池的供电方式，用于塔上设备的供电。

4.2.2 系统业务流程

动态增容系统是在输电线路上安装在线监测装置，对导线的状态和气象条件以及当前载流量进行实时监测，并根据导线本身特性，在不突破现行技术规程规定的前提下，根据计算模型实时计算出导线温度、理论载流量（计算的当前载流量）、导线理论最大载流量（动态载流量）和隐性载流量，提供运行指导数据。根据现有的运行经验，通过实时计算分析，有效提高线路的输送容量。其业务流程如图 4-10 所示。

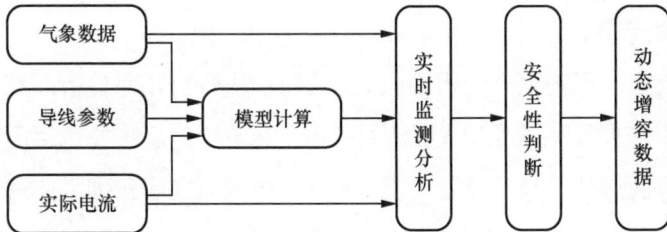

图 4-10 系统业务流程图

4.2.3 主要功能模块

动态增容监测系统一般具备七大功能模块，如图 4-11 所示。

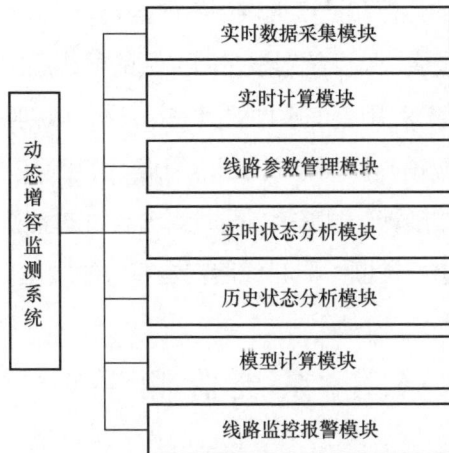

图 4-11 动态增容监测系统功能模块

（1）实时数据采集模块和实时计算模块。实时数据采集模块由接口程序通过相关通信协议完成，包括前端监测装置采集数据的接收、解析，以及数据的存储工作，为系统提供正确的分析数据。

（2）线路参数管理模块。将电网监测相关的线路导线信息、线路和杆塔的台账信息进行统一管理，为用户提供查看线路和杆塔的基本情况提供快捷、准确的信息化服务。

（3）线路实时状态分析模块。实时数据主要包括气象信息、线路运行状态信息、实时计算信息。气象信息主要包括风速、风向、环境温度、湿度、日照等数据；线路运行状态信息包括导线温度等信息；实时计算信息指在不突破现行技术规程规定的前提下，根据数学模型计算出的导线温度、理论载流量、理论最大载流量和隐藏载流量。

（4）线路运行历史状态分析模块。主要包括日分析和月分析以及相应的日报表和月报表，应显示气象信息、载流量信息。载流量信息主要包括历史时期的实测电流、最大载流量以及隐藏载流量。数据的查询以曲线和列表的形式进行分析和展现，便于用户查看线路温度和载流量以及气象的历史关系。

（5）模型计算模块。主要根据实测导线温度和相应气象信息，对选定的线路站点计算出其在某一时间的理论最大输送量和理论载流量，同时利用实测电流和相应气象信息计算出导线温度，通过与实测数据的对比分析，并结合历史监测信息和计算数据为线路的运行和调度提供参考依据。

（6）线路监控报警模块。系统对设备所监测的导线温度，根据国家标准规程设定相应的监测预警值，利用查询条件对其进行分析，以判断各项指标是否越界。如果经判断出现监测数据超标，则发出越界警报，并且通过图形颜色运行状态显示相应的警报级别，如预警、报警等，同时给出当时的实测电流和气象信息，以便及时对线路的安全进行诊断，防止线路安全事故的发生。

4.3 系统监测平台

输电线路动态增容技术框架如图 4-12 所示，包括应用层、平台层、网络层和感知层。

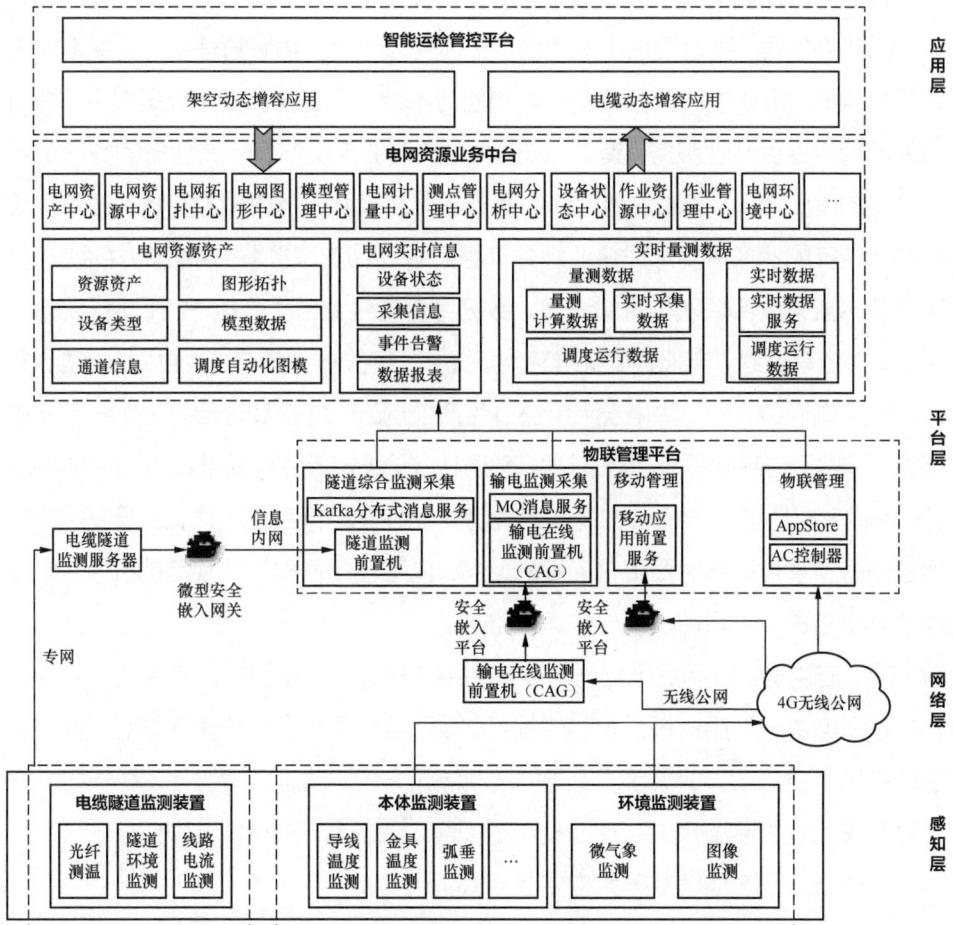

图 4-12 输电线路动态增容技术架构

（1）感知层。感知层主要由智能业务终端和本地通信网络两个部分组成。业务终端由各业务部门自定义设计研发出的适用于各自业务应用需求的终端装置，主要涉及国网芯（传感/标识/通信/安全/工控/人工智能）、安全操作系统和智能组件；本地通信网络包括各种有线与无线的本地通信接入方式，设备端具有边缘计算能力。

（2）网络层。网络层主要由接入网、传输网、数据网三部分组成。接入网包括电力内网、4G 专网和 4G 公网三种接入模式；传输网包含超长距传输技术，并形成基于 SDH 与 OTN 的"小 SDH、大 OTN"的传输网结构；数据网主要包括以 IPv6 为主的下一代互联网构建，同时引入 SDN 等技术机制，提升数据通信网和传输网的网络可定制化能力。

（3）平台层。平台层由企业中台、一体化云平台、物联管理中心、保障体系四部分组成。企业中台包含数据中台和业务中台，主要实现复用数据聚合，并对内外部用户提供共性服务。其中，数据中台负责业务层涉及所有业务的数据统一存储、处理及分析，同时也为后续的业务数据增值服务提供能力支撑。业务中台将共性特征的业务沉淀形成企业级共享服务中心，支撑各业务系统的共性应用，实现前端业务应用快熟构建和迭代；数据中台对企业各类数据进行汇聚、清洗、转换、整合等处理，实现数据标准化、集成化、标签化，沉淀共性数据服务能力，支撑数据融通共享。一体化云平台通过生产控制云、企业管理云和对外服务云的部署，提供平台基础设施保障。物联管理中心属于靠近底层基础设施的平台层部分，通过专有协议与架构中的物联代理等关键装置进行互动操作，主要包括感知层各设备与系统间所需要传输的数据。保障体系包括各类标准规范的制定，全过程的安全防护，各平台及组件的运维维护。

（4）应用层。应用层是物联网系统的用户接口，位于架构的最顶端，利用分析处理后的数据为用户提供丰富的服务。应用层接收平台层传来的信息，进行架空动态增容算法结果的展示，主要包括载流量分析、动态负荷监控、动态载流量上限预警、线路温度预测、动态载流量预测、效益分析等功能模块。

架空线路动态增容数据架构如图 4-13 所示。

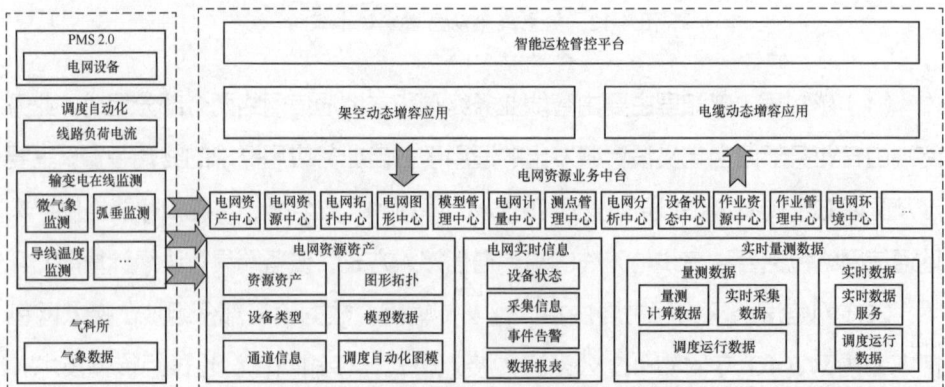

图 4-13　架空线路动态增容数据架构

通过业务中台服务调用 PMS2.0 电网资源、资产数据，调度自动化线路负荷电流数据，在线监测系统实时监测数据，环境温度、湿度风向等气象数据，完成智能管控平台上动态增容应用的实现。

智能管控平台融合展示如图 4-14 所示。

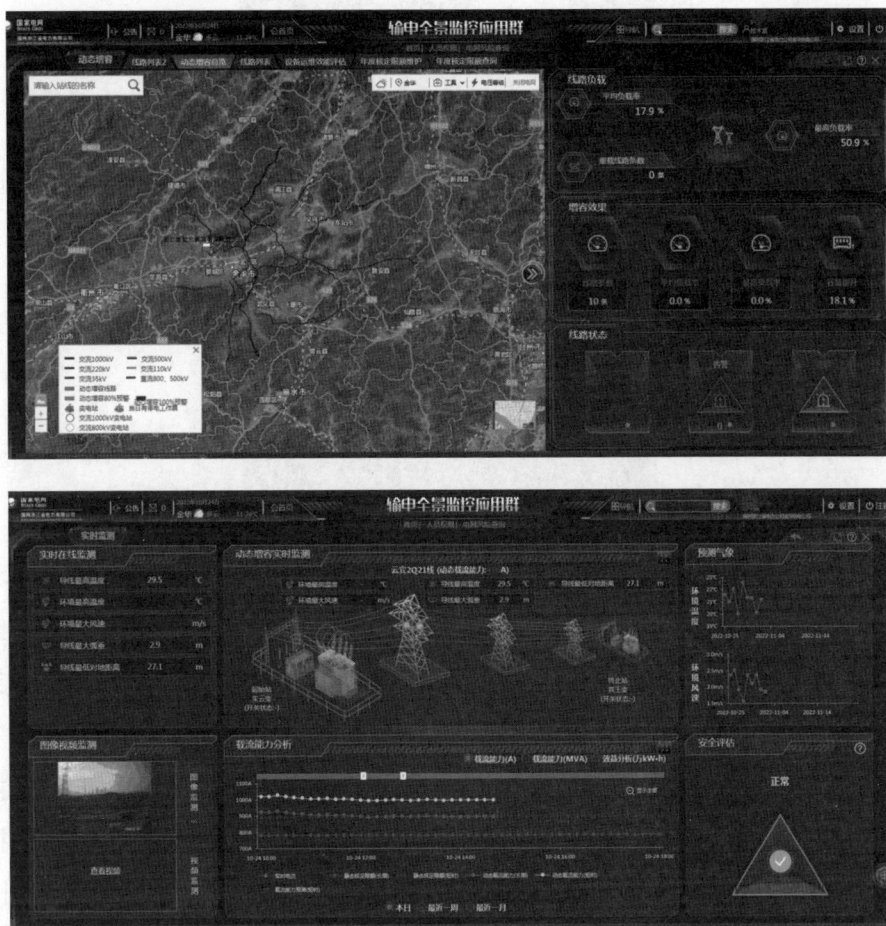

图 4-14　智能管控平台融合展示

4.4　前端感应装置

4.4.1　导线温度/图像一体化监测装置

导线温度/图像一体化监测装置直接安装在输电线路导线上，如图 4-15 所示。它主要由取能供电模块、三元锂电储能模块、摄像机模块、镜头及关键部位加热控制模块、环境温湿度采集模块、导线温度采集模块、4G/WiFi 通信模块、加速模块、主控模块等组成，可全方位、高效地掌握线路各类状态。

图 4-15 导线温度/图像一体化监测装置

取能供电模块采用高效交流感应取电技术，具备导线负荷小电流状态获取大功率能量的性能，供电适应性广、可靠性高。内部摄像机镜头和关键部位采用高分子有机薄膜加热技术，主控模块可根据现场的环境温湿度进行加热防冻操作，保障镜头不覆冰。内置人工智能分析模块，支持边缘计算，支持TensorFlow、Caffe 深度学习模型，支持休眠唤醒功能；加速模块能够对摄像机采集到的现场图像信息进行识别，通过内置 4G/Wi-Fi 模块向主站发送监测图像、视频、传感器和状态信息等数据。图像传感器具备定时拍摄、召回拍摄、报警抓拍等多种工作模式。导线温度采集模块，具备实时导线表面温度测量功能，可以为线路动态增容、线路耐张线夹发热检测等领域提供实时数据支持，线温变化如图 4-16 所示。

其中高清视频装置具备对输电线廊区域、塔基区域、铁塔、导地线、金具、绝缘子串等高清晰抓拍和视频监控功能。以图片、短视频监控为核心，全方位监控输电线路下的安全隐患，并兼顾线路巡检功能。工作人员在监控中心可随时随地查看输电线路下树木超高、导线异物悬挂、杆塔地基沉降倾斜等情况。装置拍摄图像如图 4-17 所示，装置可配置多种模式进行巡航拍照和短视频拍摄，将采集到的图片/短视频通过 4G 无线网络传输到监控中心，监控中心可通过管理平台软件对前端传输来的图片/短视频数据进行管理、存储、推送等。

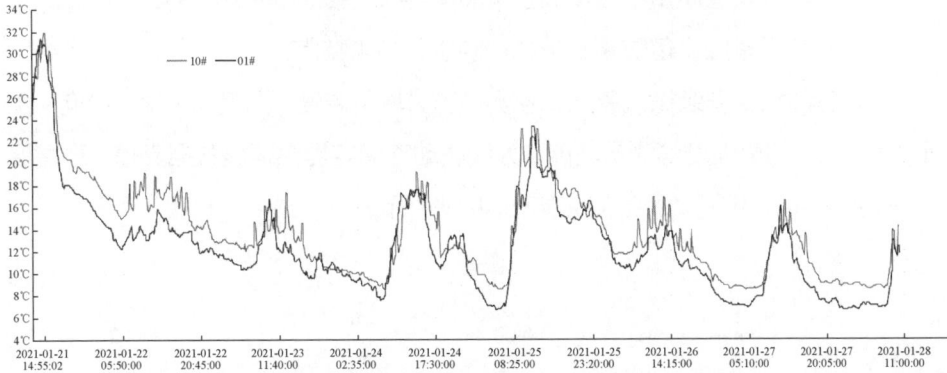

图 4-16　线温变化曲线

图 4-17　高清视频装置拍摄图像

4.4.2　微气象在线监测装置

微气象在线监测装置包含气象传感器、数据采集器、太阳能板、充电控制器、通信模块。微气象传感器应采用模块化设计，抗干扰能力强，安装维护方便，集成温度、湿度、风速、风向、雨量、气压、光辐射强度的传感器，将传感单元检测到的信号进行处理后，通过 GPRS 无线网络实时的转发至后台。电源系统为整套微气象监测装置提供电源，确保装置在无外接电源情况下能够正常工作。主要功能有：

（1）采集数据时间间隔可设定，也可远方手动召唤数据。

（2）具备气象数据实时记录、分析、监视、自检、自启动功能等。

（3）留有适当的接口，以便必要时能就地调试。

（4）具备实时数据存储能力，监测数据可实时存储，应能存储至少 3 个月的本地数据并可导出。

（5）整套设备的质量不应该高于 15kg，含安装支架的质量不应高于 25kg。

（6）整套设备应具备防腐、防风、防水、防尘特点。

在增容线路上安装微气象在线监测装置，具备温度、湿度、风速、风向、雨量、气压、光辐射强度等测量功能，为线路动态增容提供环境数据支撑。环境温度变化如图 4-18 所示，风速变化如图 4-19 所示。

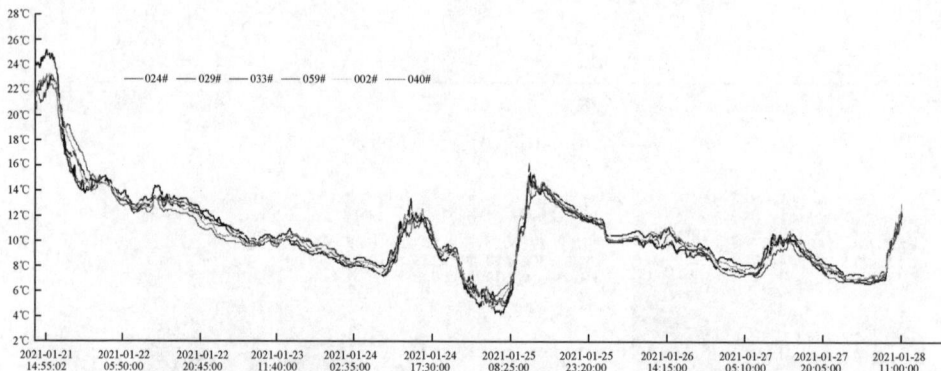

图 4-18　环境温度变化

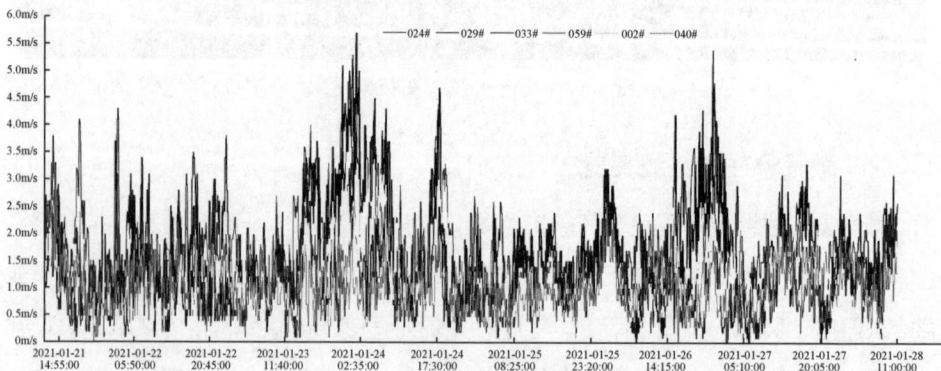

图 4-19　风速变化

4.4.3　导线弧垂在线监测

架空输电线导线弧垂监测系统是在充分利用现有输电设施、通道状况的基础上，引入导线在线监测与计算分析工具，根据实际气象环境、设备数据，如环境温度、湿度、风速、风向、日照以及导线型号、导线发射率、导线吸收率、导线最高温度阻值等详细的导线数据，计算输电线路导线弧垂，为调度和运行提供方便、有效的分析手段，通过导线弧垂监测进行实时增容。该系统的主要功能包括：

（1）实时测量导线温度，利用模型计算导线对地弧垂与对地安全距离，并将计算结果通过通信网络传输到状态监测代理装置或状态监测主站系统。当出现超限情况时，能及时输出报警信息。

（2）具备受控采集及自动采集功能。

（3）具备对原始采集量的一次计算能力，可直接输出导线温度、导线弧垂、对地安全距离，导线出口处与水平之间的夹角等。

导线弧垂监测系统由主站系统、边缘物联代理装置、导线温度传感器、供电系统等组成，系统框架如图 4-20 所示。

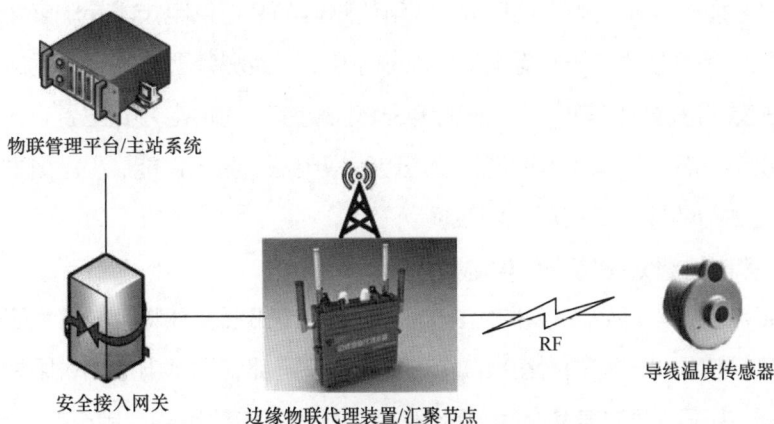

图 4-20　导线弧垂在线监测系统框图

各组成部分功用如下：

（1）主站系统。指能接入各类输变电设备状态监测信息，并进行集中存储、统一处理和应用的一种计算机系统。主站系统包括集中数据库、数据服务、数据加工及各类状态监测应用功能模块。

（2）边缘物联代理装置。安装在杆塔之上，一方面能通过射频（radio frequency，RF）的方式自动接收和处理导线温度采集单元的数据，另一方面通过自动或实时受控的方式采集杆塔附近的温度、湿度、风速、风向、光辐射等气象参数。能够根据采集到的数据，结合杆塔信息计算导线弧垂及输电线路当前的稳态输送容量限额。

（3）导线温度传感器。安装在导线上，采用接触型测温方式实时采集导线温度，并将采样数据通过短距离远距离无线电（long range radio，lora）模块上传至塔上边缘物联代理装置。

可见，输电线路在线监测系统为安全分析实时系统提供分析依据，也能为电网调度运行人员提供在线调度运行指导数据，及时对输电线路的热稳定负载进行调整，最大限度地发挥输电线路的输送能力，在提高现有线路输送容量，确保电网安全、稳定、可靠运行水平中起着积极的作用。

4.4.4　监测装置供电技术

一般情况下，安装在输电线路野外现场的监测装置没有可供使用的交流电源，因此必须开发独立的供电模块。输电线路监测装置供电技术是输电线路状态监测的核心关键技术之一，超过 70%的输电线路监测装置因为电源问题出现系统工作失效的情况。目前广泛用于输电线路监测装置的供电方式主要有太阳能和蓄电池供电、高压导线感应取能、分压电容取电法、激光供能、小型风力发电等几种，其中前两种方式应用相对较多。

1. 多电池组太阳能光伏供电技术

蓄电池和太阳能电池技术相对成熟，应用场景较多，在输电线路状态监测中得到了广泛应用。安装在杆塔上的监测装置几乎全部使用蓄电池和太阳能电池的供电方式。由于电池的寿命有限，而且长期阴雨天时电池可能会用至非正常状态，从而损坏，最终导致监测装置不能正常工作。主要技术瓶颈是如何设计有效的太阳能光伏系统，最大限度延长电池使用寿命和对电池进行保护。

如图 4-21 所示，太阳能光伏系统包括太阳能阵列、充放电控制器和蓄电池组，其中电源系统的电池信息由充放电控制器中的单片机与智能监测终端的主控单片机通过内部集成电路（internal integrated circuit，I²C）总线通信。

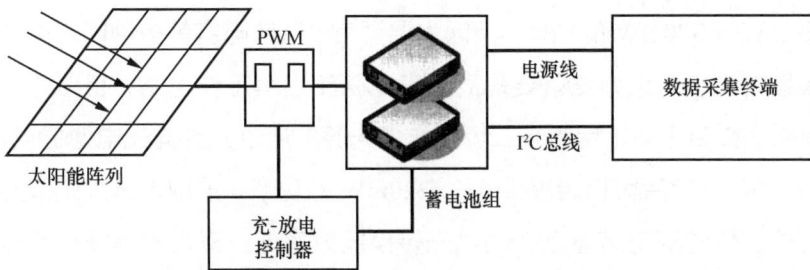

图 4-21　太阳能光伏电源系统结构图

太阳能光伏系统需要针对其负载情况和安装点位置有针对性地选择太阳能电池板和蓄电池的容量，然后再针对太阳能电池板和蓄电池的容量综合负载的情况设计充供电电路。

在光伏阵列所处的环境条件下（即现场的地理位置、太阳辐射能、气候、气象、地形和地物等），设计的太阳能电池方阵及蓄电池电源系统既要考虑经济效益，又要保证系统的高可靠性，最好是使用蓄电池容量与太阳能电池板匹配。某特定地点的太阳辐射能量数据，以气象台提供的资料为依据，这些气象数据需要取积累几年甚至几十年的平均值。计算时要考虑连续阴雨天以及两个相邻阴雨天之间的最短天数能否恢复的问题。图 4-22 所示为太阳能光伏阵列及计蓄电池容量确定的计算流程图。

2. 高能量密度电流互感器（TA）感应取能技术

输电线路导线及金具温度监测、电子式电流互感器、导线微风振动、输电线路动态增容装置及导线倾角监测等监测设备，由于直接安装在输电线路高压端无法从接地侧直接对其供电，故高压侧监测设备的供电问题是上述设备正常运行的重要保证。

现有的高压侧设备供电方式主要有分压电容取电法、激光供能法和 TA 取电法。分压电容取电法利用高压导线和均压环以及均压环对地的分布电容来获取能量，文献 [33] 在 150kV 的高压输

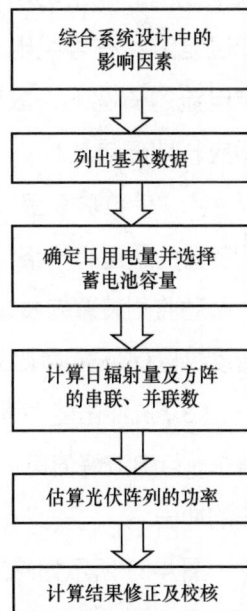

图 4-22　太阳能系统计算流程图

电线路上获取 370mW 的功率，但因为温湿度、杂散电容等多种因素都将影响取电装置的性能，该方法需要隔离取电电路和后续工作电路，且该方法输出功率有限。文献［34］用激光二极管作为光源，通过光纤向光电池提供功率，经过 DC/DC 变换后可稳定提供 5V、220mW 的功率，该取电方式难以应用在长期野外工作的取电装置上，而且光转换器效率低、寿命短等缺点也阻碍了其在电力系统中的应用。

高压导线 TA 感应取能技术利用电流互感器原理把部分高压导线上的能量转换成电能输出。该方式具有设备体积小、结构紧凑、绝缘封装简单、使用安全等优点，是高压输电线路上最有应用前景的取能方式。由于输电线路的特殊性，感应取电电源应满足如下要求：

（1）动态范围大。输电线路上电流变化范围很大，峰值电流可达 1000A 以上，而低谷电流只有 40A 左右；监测装置峰值功耗通常为 1～2W，而取电线圈的输出功率与线路电流大小呈正相关关系，当输电线路电流超过一定值时，其输出功率会远大于监测装置所需功率，此时需要通过合理的方法控制取电线圈的输出功率，使之在宽动态范围内一直输出稳定的功率。尽量降低死区电流，在导线电流较小时可以输出足够的功率，并且在导线电流超过额定电流的情况下，取电装置仍然可以可靠工作，电源设计的难点之一是如何适应长期低热功耗。

（2）单位功率密度高。出于线路安全、信号质量等方面的考虑，对线路上监测装置的质量有严格限制，例如，普通输电线路监测装置质量不大于 2.5kg，微风振动监测装置的质量不超过 1kg。因此，感应取电电源需要有较高的单位功率密度，以保证在输电线路运行最低负荷时仍可供应负载所需功率。

（3）抗冲击能力强。输电线路在运行过程中可能会受短路电流、雷电电流的冲击，且电流峰值可达数十千安，故感应取电电源也应能承受短路电流、雷电电流的冲击。

图 4-23 所示为感应取电结构原理图。

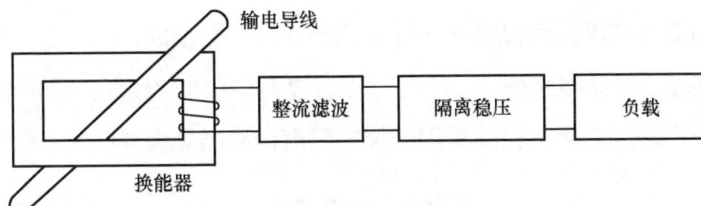

图 4-23　感应取电结构原理

4.4.5　常用传感器

在输电线路在线监测系统中，传感器作为系统数据采集的前端单元，对整个系统的精度、可靠性起着重要的作用，因此必须重视传感器的设计或选择。实际应用中，传感器分为电量和非电量两大类。电量是指物理学中的电学量，如电压、电流、电阻、电容、电感等；非电量是指电量以外的一些参数，如温度、湿度、压力位移、角度、质量、风速和风向等。非电量传感器的主要作用是将非电物理量转换成与其有一定关系的电量，而测量电路则将传感器输出的电量信号进行处理和变换，从而实现测量、显示和控制。本节主要介绍在线监测技术常用的传感器。

1. 温度传感器

温度传感器是利用一些金属、半导体材料与温度之间的有关特性制成的，这些特性包括膨胀、电阻、电容、磁性热电势等。温度传感器可分为接触型和非接触型，前者将传感器直接接触被测量物体；后者是利用被测物体发射的红外线，将温度传感器设置在一定距离下测量。测量局部环境温度，应将传感器直接置于被测环境中。目前温度传感器种类很多，有铂测温电阻、热电偶、双金属片、热敏电阻、半导体管及集成电路等，其特性见表 4-3。

表 4-3　　　　　　　　　　　温度传感器特性比较

传感器类型	温度范围（℃）	精度（℃）	直线性	重复性（℃）	灵敏度
铂测温电阻	−200～600	0.331	差	0.310	不高
热电偶	−200～1600	0.530	较差	0.310	不高
双金属片	20～200	110	较差	0.550	不高
热敏电阻	−50～300	0.220	不良	0.220	高
半导体管	−40～150	1.0	良	0.210	高
集成电路	−55～150	1.0	优	0.3	高

　　集成温度传感器具有良好的线性度和一致性，它集成传感部分、放大电路、信号处理电路、驱动电路等在一个芯片上，具有体积小、使用方便的优点，在许多领域得到了广泛应用。目前常用的集成温度传感器见表 4-4。

表 4-4　　　　　　　　　　　　　集成温度传感器

型号	输出形式	使用温度范围（℃）	温度系数	引脚
μPC6161A、SC6161A	电压型	−40～125	10mV/℃	4脚
μPC6161A、SC6161A	电压型	−25～85	10mV/℃	8脚
LX5600	电压型	−55～85	10mV/℃	4脚
LX5700	电压型	−55～85	10mV/℃	4脚
LM3911	电压型	−25～85	10mV/℃	4脚
LM134、LS134	电流型	−55～125	1μA/℃	4脚、8脚
SL334	电流型	0～70	1μA/℃	3脚
AD590 LS590	电流型	−55～155	1μA/℃	3脚
AN6701S	电压型	−10～80	105～113mV/℃	8脚
DS1620	数据	−55～125		8脚

2. 湿度传感器

　　通常情况下，大气的干湿程度表示用大气中水汽的密度，即每 $1m^3$ 大气所含水汽的克数，称为大气的绝对湿度。但除了绝对湿度外，干湿程度还与大气中的水汽离饱和状态的远近程度有关，因此通常把大气的绝对湿度与当时气温下饱和水汽压的百分比称为大气的相对湿度，即

$$H = \frac{D}{D_S} \times 100\% \qquad (4\text{-}8)$$

式中　H——相对湿度；

　　　D——大气的绝对湿度，mmHg；

　　　D_S——当时气温下的饱和水汽压，mmHg。

　　式（4-8）表明，当大气中所含水汽的压强等于当时气温下的饱和水汽压强时，大气的相对湿度等于 100%。

　　湿度传感器的类型较多，有高分子电容式湿度传感器、铌酸锂晶体湿度传感

器、石英晶体湿度传感器、热敏电阻式湿度传感器、电阻式湿敏传感器等。

3. 风速和风向传感器

风速、风向传感器是一种将风速、风向转换成电信号的传感器，在动态增容监测中用于气象监测。风速、风向传感器通常独立设计，并需设计相应的变送器。

（1）风速传感器。按输出量，风速传感器主要分为脉冲记数式、模拟量式、偏转角式、数字信号式等。如：EL 型电接风仪以测速发电机作为转换组件，输出的是不便于计算机处理的模拟电压；芬兰的 Vaisala WAA15 风速传感器具有较高的灵敏度和较大的测量范围，输出为数字信号。WAA15 风速传感器是低门槛值（0.4m/s），测量风速范围为 0～75m/s 的三杯式光电风速计。图 4-24 所示是 WAA15 风速传感器原理结构图。

传感器的感应头由锯齿型圆盘、发光二极管、光敏三极管组成。锯齿型圆盘通过转动轴与风杯相连，当风杯转动时，夹在发光二极管和光敏三极管间的锯齿不断地遮挡光线，光敏三极管便输出高低交替的信号，该信号经信号调理电路后输出至处理部分，然后通过特定计算公式求得风速值，风速 v（m/s）与脉冲频率 f（Hz）的转换公式为

$$v = 0.1f \tag{4-9}$$

即每 10 个脉冲为 1m/s 的风速量。

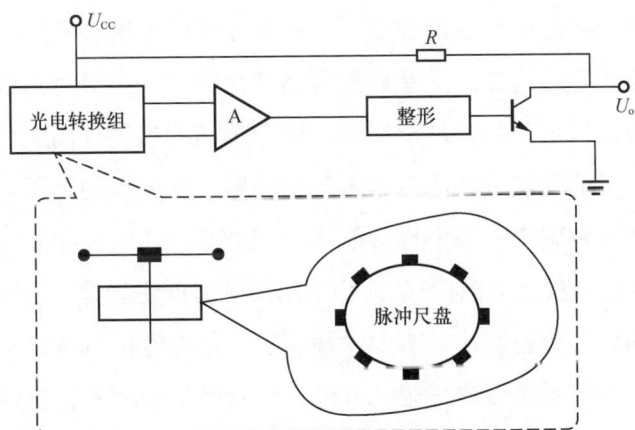

图 4-24　风速传感器结构原理

（2）风向传感器。按输出量，风向传感器分为开关量式、模拟量式、格雷码式等。如输出为开关量的 EL 型电接风仪，因传输电缆芯数的限制分辨率低；输出为模拟量的 EY 型电传风仪，其信号为模拟信号，不便于计算机处理。国内常用的八风向传感器，其输出具有 8 个格雷编码，可测量室外环境中东、西、南、北、东南、西南、西北、东北八个方向的风向，性价比较好。

4. 日照强度传感器

日照传感器主要用于检测日照的强弱，在气象服务、太阳能电池板充电自动跟踪控制系统等得到了广泛的应用。日照传感器主要分为直接辐射表、总辐射表、散射式辐射表、旋转式辐射表和双金属片日照传感器等。

双金属片日照传感器由置于聚丙烯圆罩下的、相互均匀隔开的 6 对双金属黑化组件构成。当照射在仪器上的直接辐射大于某预设阈值（ $\geq 120W/m^2$ ）时（间隙和阈值设置在仪器下部规格标示牌上注明），被照射的那对双金属片外部黑色组件的受热高于内侧背光处组件，导致正向的接触闭合形成电回路，外部和内部的不同弯折度又使它们产生自动擦除动作，形成接触闭合。接触闭合的瞬间和持续时间被采集器作为日照时间记录下来。当直接辐射小于预定阈值（或光线变暗）时，落在白色基板上的散射光反射到内部组件下侧，对内部温度进行补偿，触点断开，记录无日照。双金属片日照传感器通过聚丙烯罩顶部的风道螺纹管端底部的网孔通风散热，风道的外形使其在下雪时仍然能正常通风。

总辐射表根据热电效应原理研制，由感应件、玻璃罩和附件组成。感应件由感应面与热电堆组成，涂黑感应面通常为圆形，也可为方形，热电堆由康铜、康铜镀铜构成，另一种感应面由黑白相间的金属片构成，因黑白片的吸收率不同，可测定其下端热电堆温差电动势，并转换为辐照度。玻璃罩由半球形双层石英玻璃构成，既能防风，又能透过波长 $0.3 \sim 3.0\mu m$ 的短波辐射，其透过率为常数且接近 0.9，可防止环境对其性能产生影响。双层罩的作用是防止外层罩的红外辐射影响，减少测量误差。附件包括机体、干燥器、白色挡板、底座、水准器和接线柱等，此外，还有保护玻璃罩的金属盖（又称保护罩）。干燥器内装干燥剂（硅胶）与玻璃罩相通，保持罩内空气干燥。白色挡板既挡住太阳辐射对机体下部的加热，又防止仪器水平面以下的辐射对感应面的影响。为减小温度的影响，还应配有温度补偿线路。

4.5 系统通信技术

输电线路长达数十千米至数百千米，状态监测装置采集的数据如何准确、高效地传输至数据处理中心是输电线路状态监测工作中的一项关键技术。

通信领域现使用的数据传输技术种类多样，大致分为有线传输和无线传输方式，有线传输方式有光纤、双绞线、同轴电缆、电力线载波等，无线传输方式有卫星、Wi-Fi、无线公网等。输电线路处于户外环境中，线路长、分布广，其经过的地区往往环境复杂，各种外界因素干扰较多，状态监测通信系统必须适应野外条件，并且不能影响线路的安全运行，需要充分发挥每种通信技术的特点和优势，结合传感器装设方案、数据流量和流向、数据集中点布置位置等因素，参考投资效益及运行成本，选择适用于线路在线监测的数据传输技术。

4.5.1 输电线路状态监测数据传输方式分析

根据目前电力系统通信技术的发展，输电线路状态监测可采用的数据传输方式主要有以下几种。

常用的有线数据传输技术主要是光纤通信和电力载波通信（power line carrier，PLC）技术。光纤通信的特点是传输容量大、抗干扰能力强、随输电线路架设成本较低、维护简便。光纤通信可以采用同步数字体系（synchronous digital hierarchy，SDH）、无源光纤网格（x passive optical network，xPON）等组网方式，也可采用 IP（over SDH、over fiber）方式组网。电力通信常用的光缆有普通架空光缆、地埋光缆、电力特种光缆 [全介质自录式（all-dielectric self-supporting，ADSS）和 OPGW 等]、非对称数字用户线路（asymmetric digital subscriber line，ADSL）、局域网（local area network，LAN）、混合光纤同轴（hybrid fiber-coaxial，HFC）和光纤到户（fiber to the home，FTTH）。电力线载波通信传输速率和可靠性相对较低。

无线通信技术主要有 Wi-Fi、WiMAX、Bluetooth、Zigbee、GPRS/CDMA/3G/4G、卫星等。Wi-Fi、WiMAX、Bluetooth、Zigbee 适合近距离无线组网；

GPRS/CDMA/3G/4G 移动通信网络可作为输电线路状态监测系统的公共通信网；卫星通信不受地形、地貌、距离影响，组网灵活，可提供多路话音、数据接口及网络（LAN）接口，但时延较大，费用较高，可作为电力通信系统的一种补充手段。另外，针对电力通信业务的多种需求也有采用无线通信的电力专网设计，利用 4G 时分长期演进（TD-LTE）核心技术，建立基于 230MHz 频点的 TD-LTE230 无线宽带通信系统，提供安全、可靠的电力数据传输通道，但是该方式需要建立专门的基站，其建设和运维成本方面有较多困难。

4.5.2 输电线路状态监测系统组网方式分析

1. 基于移动通信公用网络的信息集成

图 4-25 所示为基于移动通信公用网络的智能输电线路信息集成示意。同一杆塔附近的智能监测终端之间通过 Zigbee 等短距离无线通信组网或数据总线的方式实现分布式自组网，将监测数据集中安装在现场的通信代理，由通信代理通过 GPRS/CDMA/3G/4G 等移动通信公用网络将监测数据传输到智能输电线路监控中心进行数据的展示和分析。在没有移动网络信号的地区可先通过 Wi-Fi 等无线接力通信的方式将数据传至有移动网络信号的杆塔。该方式的组网特点是不受地形、距离限制，组网灵活。

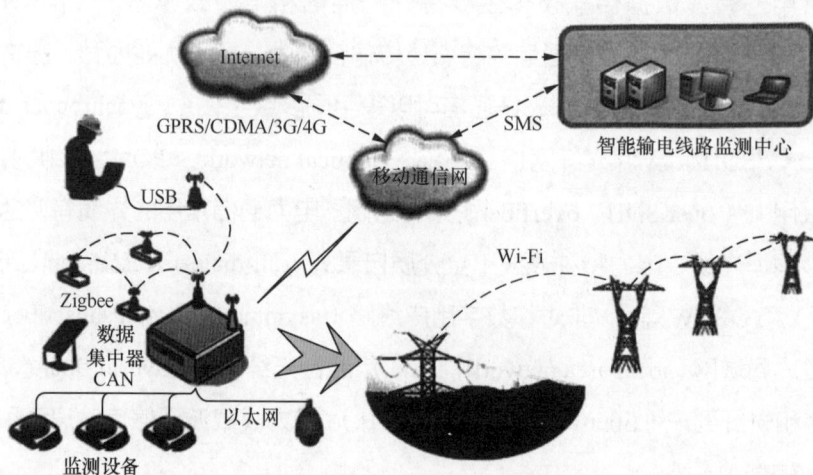

图 4-25 基于移动通信公用网络的输电线路信息集成

2. 基于电力专用通信网络的信息集成

图 4-26 所示为基于电力专用通信网络的智能输电线路信息集成示意图。同一杆塔附近的现场监测设备之间通过 Zigbee 等短距离无线通信组网或数据总线的方式实现分布式自组网将监测数据集中安装在现场的通信代理，由通信代理通过 Wi-Fi 等无线中继接力的方式（在条件成熟的地方可通过 OPGW 接入电力系统光纤网络）将监测数据传输到变电站电力专用通信网络接入平台，主要实现方式包括以下四种。

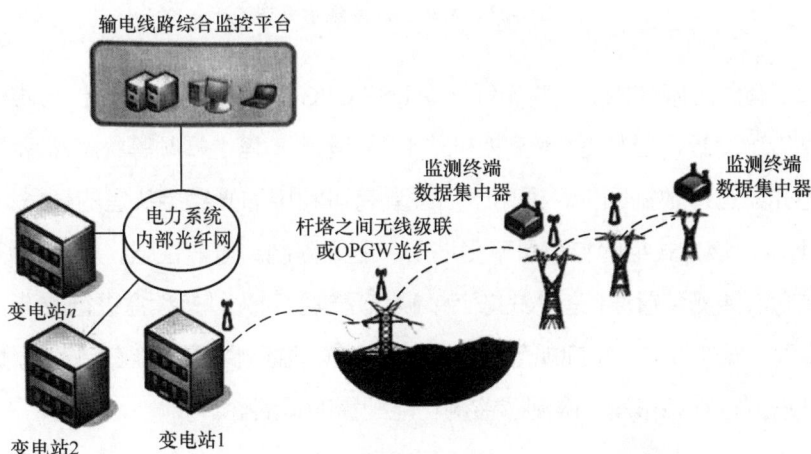

图 4-26　基于电力专用通信网络的输电线路信息集成

（1）无线中继组网方式。以无线节点（如变电站、通信站、光缆接头盒等）为中心，利用无线中继功能沿线路构建多级无线宽带链路，如图 4-27 所示。系统支持多级中继，每级间距可根据实际情况进行调整，理论最大间距为 20km，由于受到地球曲率影响，再考虑到实际传输带宽，最大间距不超过 15km（即线路单方向可达 20km，实际应用中由于地形等原因，单跳间距一般小于 10km）。该方式适合以光缆节点（如变电站、通信站、光缆接头盒等）为中心，一定范围内（如 1～20km）视距传输的应用。

该方式组网可采用 EEE802.11 无线局域网通用的标准，工作频段为 2.4/5.8GHz，支持语音、数据、图像业务；缺点是无线信号受到自然天气、电磁干扰、雷击等影响，且传输质量不稳定，受地形影响严重。

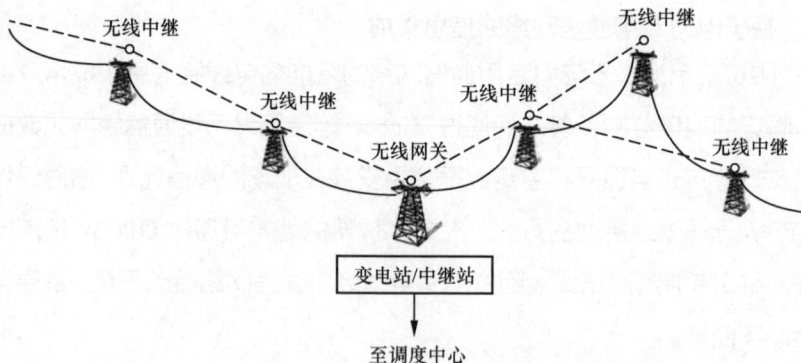

图 4-27　无线组网方案示意图

（2）有线组网方式。由输电线路 ADSS/OPGW 光缆连接盒引出一对纤芯，配备光传输设备（工业以太网交换机或 PON 设备），塔上视频等状态监测终端数据利用光缆进行数据回传，适用于沿线具有可利用的光缆接头盒的杆塔，如图4-28 所示。该方式组网特点是不受地形、距离限制，可靠性强，新建线路可同时开展状态监测装置通信接入的设计；缺点是需要对光缆接续盒进行改造，且施工难度高、操作复杂，实施规范要求高、输电线路监测装置仅能在具备光缆接头盒的杆塔进行安装布设，限制了监测功能配置的灵活性。

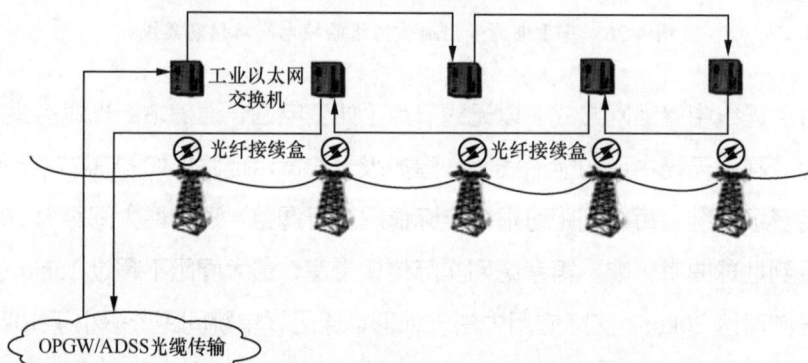

图 4-28　有线组网方案示意图

（3）有线+无线混合组网方式。选择部分光缆接入点（如每 4～6km 取具备光纤接续盒的杆塔），利用光缆连接盒作为无线中级的网关节点，以此为中心利用无线沿线构建无线传输链路，实现数据的回传，如图 4-29 所示。该方式适用具有光缆接续盒可以利用的线路，综合了有线和无线组网的优点，不受地形和距离的限制，实用性强，是线路全线状态监测的理想方案。

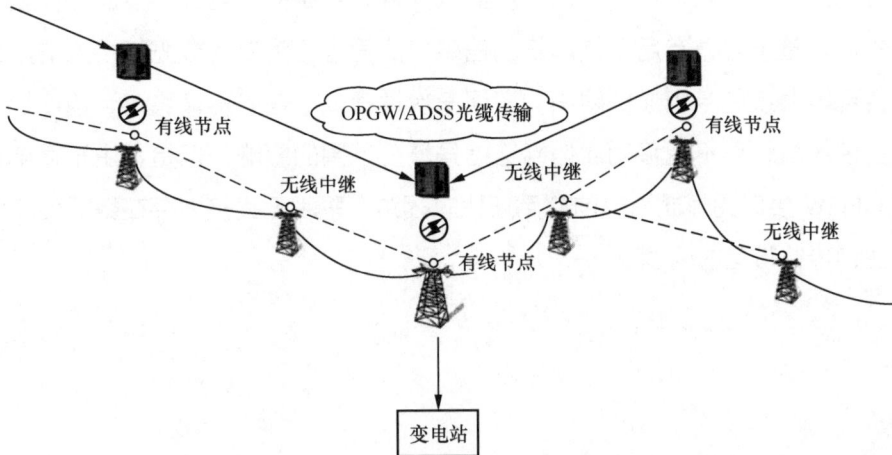

图 4-29　有线+无线组网示意图

（4）无线+应急通信车混合组网方式。利用无线中继沿线路构建多段传输链路，需要时应急通信车到达现场与无线链路建立通信，通过卫星通信实现视频及数据的实时回传，并可读取存储在无线节点内的历史数据，如图 4-30 所示。该方式适用于监测线路重点区间、应急事故现场指挥。组网特点是区间监测，具备一定的灵活性，可重复利用。

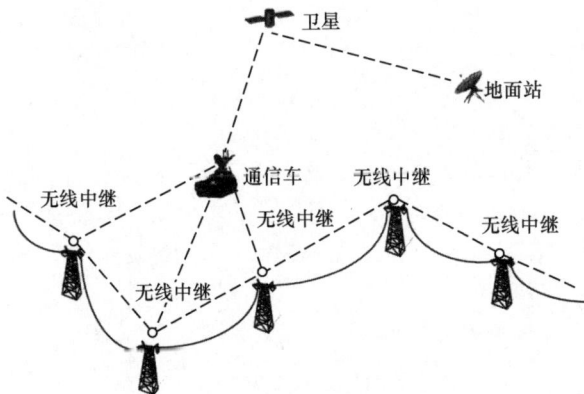

图 4-30　无线+应急通信车混合组网图

　　总体来看，基于移动通信公用网络的信息系统集成技术成熟，在线路监测方面已广泛应用，服务器端易于接入，但利用移动通信的网络需要后期通信费用的不断投入；另外，由于要接入外网，系统的安全性和可靠性需要特别关注。基于电力专用通信网络的信息集成通过无线专网或光纤接入的方式整合到电力系统专用通信网络，费用一次性投入，信号传输稳定、速度快、安全性能高，且不受移动通信网络信号覆盖范围的影响。但是，由于输电线路 OPGW 接口的限制，目前应用还比较困难，采用无线接力存在数据传输稳定性和传输带宽的问题。

5.1 浙江电网输电线路动态增容案例

浙江电网总体坚强，大负荷时段 500kV 主网潮流基本均衡，但大受电轻负荷时段部分断面重载、满载情况仍比较突出，个别区域、个别时段仍存在局部区域电网受限的情况，部分地区甚至还有拉闸限电的情况。据不完全统计，2019年浙江省 220kV 重载或超限通道 36 处，均为输电线路受限，主要集中在宁波、湖州、嘉兴、台州、温州等地区。浙江电网在关键瓶颈线路进行动态增容改造，根据每条线路所处地形地貌特点及运维需求，安装了若干套微气象监测装置、导线温度监测装置、导线弧垂监测装置、图像监测装置、站内间隔监测装置以及服务器等网络装置，应用"线路载流能力动态核算与评估"软件和"电力设备运维效能指标评估"软件，开展线路的载流量与弧垂、电流、温度等因素的分析计算。图 5-1 所示为工人安装线路动态增容装置及安装后外貌。

图 5-1 工人安装线路动态增容装置及安装后外貌

以下以嘉兴、宁波、湖州、衢州 4 个典型线路断面增容为例。

1. 嘉兴某甲线/乙线线路动态增容概况

嘉兴某甲线/乙线全长 8.16km，导线型号 2×LGJ-400/35。全线均处于平地，通道以良田为主，跨高速公路 1 处，跨通航河流 8 处，跨 110 kV 高压线路 2 处。最低跨越 10kV 电力线距离 7.3m。随着长三角一体化建设的推进以及基础负荷的增长，预计迎峰度夏负荷高峰期间该双线断面潮流接近稳定限额。

线路动态增容技术实施后，单线夏季短时限额为 1708A（65 万 kW），线路导线受限。断面最大潮流为 52.5 万 kW，已达到调度控制限额，考虑迎峰度夏负荷增长，断面缺口 15 万 kW。静态增容后（环境温度 36.5℃），单条线路短时限额可增加 2.8 万 kW，断面尚有缺口 9.4 万 kW。动态增容实施后，甲乙两线短时限额可最大再增加 10%～15%（13 万～16 万 kW），可以解决断面缺口，某年增加售电约 1800 万 kWh。动态增容的应用解决了迎峰度夏期间存在的供电缺口，对降低电网运营成本、提升嘉善县区域的供电安全、企业安全和民生安全均具有重要的意义。

2. 宁波某甲线/乙线线路动态增容概况

宁波某甲线/乙线全长 28.9km，导线型号为 JNRLH60/G3A-400/95、2×JL/LB20A-300/25。线路 80%位于山区，雷害风险高。山区段通道以树竹为主，平地段通道以良田为主，800m 以上大跨越档有 3 处，跨越高铁 1 处，跨越高速 1 处，跨越高压线 2 处，跨越水库 2 处，跨越规划高速 1 处。该甲乙二线限额 88 万 kW。

宁波甬港变电站施工期间，两线断面缺口 15 万 kW。静态增容后（环境温度 36.5℃），单条线路短时限额可增加 1.6 万 kW，断面尚有缺口 11.8 万 kW。动态增容实施后，两线短时限额可再增加 10%～15%（容量 10 万～15 万 kW），解决甬港工程停电期间北仑地区预计存在的供电缺口，有助于提升电网运营的经济性，同时对北仑地区的供电安全、企业安全和民生安全均具有重要的意义。

3. 湖州某甲线/乙线线路动态增容概况

湖州某甲线/乙线全长 12.405km，其中电缆 0.155km，架空线 12.25km。导线型号 2×JL1/LHA1-210/220、JLR×1/F18-560/65-290、2×JL/G1A-400/35；电缆型号 ZC-YJLW03-Z 127/220 1×2500mm²，电缆外径为 150mm。线路 100%位于平原地区，主要地形为水田、河网和鱼塘。没有超过 500m 以上大跨越档，跨越高速公路 1 处，跨越高压线 5 处。该甲乙双线断面限额 45 万 kW。

2022 年断面负荷将达到 60 万 kW，N-1 方式下，超过单线极限，断面缺口 15 万 kW，目前每年长兴燃气轮机厂顶峰发电 8 个月。静态增容后（环境温度 36.5℃），单条线路短时限额理论可增加 1.6 万 kW，断面尚有缺口 11.8 万 kW，通过动态增容（环境温度降低到 20℃），动态增容实施后，电缆受限，两线短时限额最大可再增加 10 万～12 万 kW，基本可以解决断面缺口。动态增容后，2020 年减少长兴燃气轮机厂天然气机组开机 240h（0.96 亿 kWh），减少购电成本约 0.192 亿元。2021 年减少长兴燃气轮机厂天然气机组开机 1200h（4.8 亿 kWh），减少购电成本约 0.96 亿元。

4. 衢州某110kV线路动态增容概况

国网衢州供电公司所辖的某 110kV 线路全长 15.833km，利旧段长度为 6.8km，利旧段导线为 LGJ-240/30 钢芯铝绞线。在未进行增容前，该线路的夏季长期载流量限额为 447A、瞬时载流量限额为 551A；该线路的冬季长期载流量限额为 659A、瞬时载流量限额为 728A。2020 年，110kV 该线负载达到稳定限额，其夏季负载需求更甚，而其技改大修项目因资金筹划、路径审批等因素难以快速实施。为此，衢州电力公司开展动态增容，提升该线路输送容量，核定线路的夏季长期载流量限额为 509A（同比增加 13.9%）、瞬时载流量限额为 612A（同比增加 11.1%），冬季长期载流量限额为 691A（同比增加 4.9%）、瞬时载流量限额为 765A（同比增加 5.1%）。2021 年夏，该线路最大输送电流是 504A，达到 99%，平均负载率是 82.4%；2022 年夏，该线路最大输送电流是 523A（持续时间 0.9h）、负荷率达到 103%。 运行结果表明线路动态增容技术收到了良好的效果。图 5-2 所示为该线路在电网运检智能化分析管控平台上的多源监测数据。

（a）衢州某 110kV 线路通道图像

图 5-2　衢州某 110kV 线路电网运检智能化分析管控平台监控数据（一）

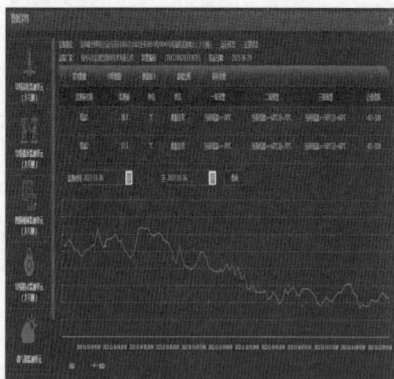

（b）衢州某 110kV 线路某时刻导线温度监控　　　　（c）衢州某 110kV 线路某时候微气象监控

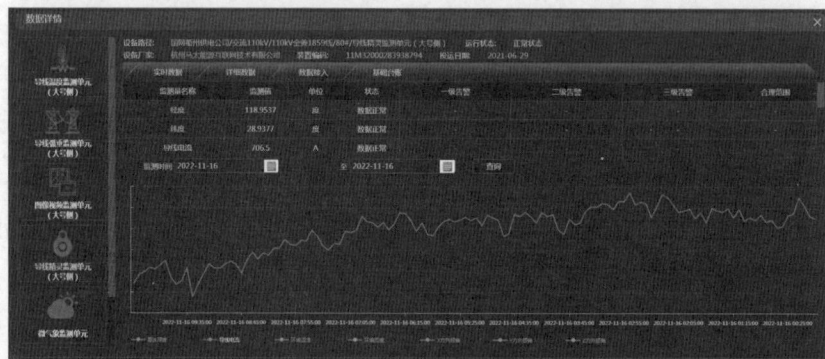

（d）衢州某 110kV 线路某时刻载流量

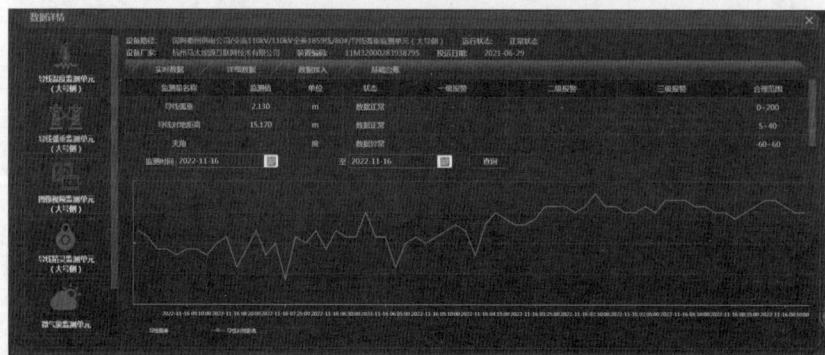

（e）衢州某 110kV 线路某时刻导线弧垂和导线对地距离监控

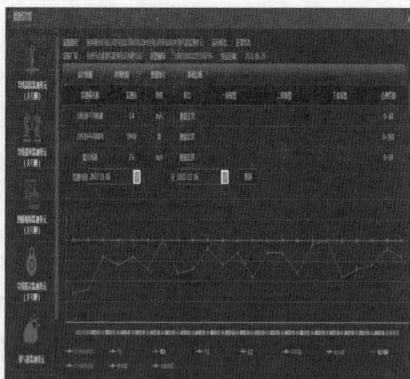

图 5-2　衢州某 110kV 线路电网运检智能化分析管控平台监控数据（二）

　　输电线路动态增容技术的应用，快速有效地解决了 110kV 电源供给瓶颈，以最小的投入在迎峰度夏期间增加 1.2 万 kW 的输送容量,对降低电网运营成本、提升衢州东港区域的供电安全、企业安全和民生安全均具有重要的意义。

5.2 广东电网输电线路动态增容案例

准动态热定值（quasi-dynamic thermal rating，QDR）依据定义时间尺度内的天气数据，计算对应时间区间内的输电线路热定值。QDR 在其定义时间尺度内的定值结果为常数，对于挖掘线路输电潜力和缓解系统输电阻塞现象具有重要价值。广东电力科学研究院对该方法进行过研究，分析广东架空输电线路实际运行条件和广东地区多年实测气象参数。

考虑到安装维护方便及动态增容运行需要，分别选择东莞 3 回线路和粤东 3 回线路安装在线监测装置，分别为东莞 220kV 莞垅甲线、110kV 北南甲线、下畔甲线及汕尾 220kV 东桂线、揭阳 220kV 汕云乙线、汕头 220kV 两铁线。

以 220kV 莞垅甲线、110kV 北南甲线在线监测数据为例，对线路冬、夏季负荷电流、导线温度、环境温度、风速、风向、日照强度、大气湿度等典型实测运行参数进行分析。

根据线路实际负荷电流和实际环境气象参数计算导线温度，由表 5-1 可见，计算结果与实测温度基本一致。个别导线计算温度与实测温度数据存在明显差异，主要与风速有关，实际测量风速数据是瞬时值，而导线温度变化主要受某时段平均风速影响。

表 5-1   导线实测温度与计算温度比较

序号	线路名称	时间	载流量(A)	环境参数	测量温度(℃)	计算温度(℃)
1	220kV莞垅甲线	2月3日16:00	300	环境温度13℃ 日照296W/m² 风速0.6m/s	20.4	18.9
2	220kV莞垅甲线	7月28日12:00	560	环境温度36.8℃ 日照858W/m² 风速1.1m/s	50.3	48.7
3	110kV北南甲线	7月1日12:00	430	环境温度30.4℃ 日照657W/m² 风速3.6m/s	39.0	41.8
4	110kV下畔甲线	7月29日12:00	291	环境温度33.2℃ 日照172W/m² 风速0.9m/s	37.4	46.8

事实上，根据负荷电流和环境参数计算导线温度是基于架空导线载流热平衡模型的稳态计算，而实际运行线路的负荷电流和环境参量始终处于动态变化过程，因此计算温度可能与实测温度存在较大差别。

基于广东线路运行条件和多年实测气象数据，制定适合广东架空线路正常运行条件的允许电流 I_0，证实现有架空线路正常载流能力可安全地提高 7%以上。通过严格的风险分析，论证广东架空线路以 I_0 长期运行是安全的，不受线路具体结构限制，同时满足相关要求。

在正常允许电流基础上，挖掘运行线路跨越距离裕度，提出架空线路在检修、应急两种特殊运行条件下的允许电流 I_1、I_2 及其确定原则，通过对实际线路特殊允许电流 I_1、I_2 的工程验算，确认在电网特殊情况下，特定线路可多输送 30%~50%的检修、应急负荷，实现架空输电线路安全增容运行。

5.3 华东电网输电线路动态增容案例

动态增容方式就是在输电线路上安装在线监测装置，对导线状态（导线温度、张力、弧垂等）和气象条件（环境温度、日照、风速等）进行监测，在不突破现行技术规程规定的前提下，根据数学模型计算出导线的最大允许载流量，充分利用线路客观存在的隐性容量，提高输电线路的输送容量，可保证系统稳定和设备安全运行，因此有很强的实用性。

国网华东分部根据监测数据，通过建立数学模型和计算，实现线路动态增容运行。为了对输电线路实时输送限额管理系统的安全性、增容性和适用性进行检验，已在多条 500/220kV 线路上推广试运行。以 500kV 双回线路动态监测增容系统为例，2006 年 8 月 29 日，该线路运行电流和增容系统的安全限额如图 5-3 所示，从图中得出，运行电流虽然超出规定的限额，但是均未超出系统计算出的安全限额，表明线路处于安全的增容运行状态下，即使出现 $N-1$ 情况，只要在 30min 内处理完毕，导线温度不会超过温度限额。该日线路输送电能累计增加 675MWh（图 5-3 中阴影部分）。

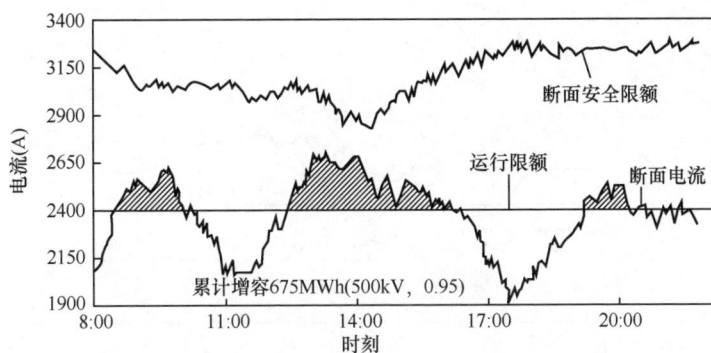

图 5-3　某 500kV 双回线 2006 年 8 月 29 日断面电流及安全限额

5.4　重庆电网输电线路动态增容案例

国网重庆市电力公司 2006 年在 220kV 长朱东线和长朱西线、220kV 珞马线上安装了某公司开发的 MT 系列温度测量球和动态热定额监控系统，2006 年 8 月 17 日重庆地区典型高温日系统记录了 2 幅曲线图，图 5-4 为测温装置和小型气象站所记录的日导线温度、电流、日环境温度、风速、日照强度数据，图 5-5 为线路实测电流、静态热定额和根据实时气象条件计算出的可用动态热定额之间的关系。按允许温度 70℃计算，线路静态热定额为 617A，但由于气象条件有利，动态热定额可达 780A 左右，特别在 12:00～20:00 时段内平均风速达 2m/s 以上，动态热定额达 900A 以上，可增加线路输送容量 26%～45%。该系统实时反映了线路动态热容量的情况，为调度运行人员控制线路负荷提供依据，在"迎峰度夏"中发挥了很好的作用。

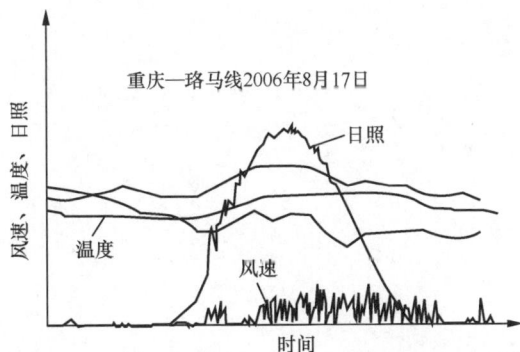

图 5-4　导线温度、电流和气象记录曲线

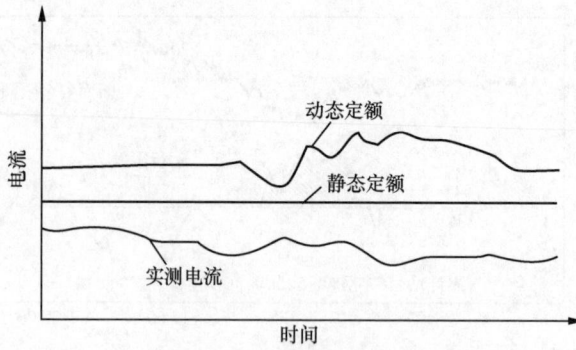

图 5-5　实时线路定额

　　动态增容技术的亮点是在不突破现行技术规程规定的条件下,可保证系统稳定和设备安全运行, 有很强的实用性, 对满足社会经济快速增长有着积极作用。

参考文献

[1] 张启平，钱之银. 输电线路动态增容技术[M]. 北京：中国电力出版社，2010.

[2] 戴沅，程养春，钟万里，等. 高压架空输电线路动态增容技术[M]. 北京：中国电力出版社，2013.

[3] 周华敏，刘运鹏. 架空输电线路经济电流密度计算[M]. 北京：中国水利水电出版社，2016.

[4] 盛戈皞，刘亚东. 智能输电线路原理方法和关键技术[M]. 北京：科学出版社，2017.

[5] 黄新波，陈荣贵，王孝敬，等. 输电线路在线监测[M]. 北京：中国电力出版社，2008.

[6] 邹鹰，金红核. 输电线路动态增容监测系统的构成[J]. 华东电力. 2008，36(12)：33-35.

[7] 张启平，钱之银. 输电线路实时动态增容的可行性研究[J]. 电网技术，2005，29(19)：18-21.

[8] 杜永平，张永. 输电线路动态增容技术及应用[J]. 安徽电力，2009，26(1)：53-58.

[9] 任丽佳，李力学. 动态确定输电线路输送容量[J]. 电力系统自动化，2006，30(17)：45-49.

[10] 钱之银. 输电线路实时动态增容的可行性研究[J]. 华东电力，2005(7)：1-4.

[11] 韩芳，徐青松. 架空导线动态载流量计算方法的应用[J]. 电力建设，2008(1)：39-43.

[12] 张冰. 输电线路输电容量动态增容监测技术的研究[D]. 北京：华北电力大学，2006.

[13] 肖立. 输电线路实时监测与动态增容的研究与实现[D]. 北京：华北电力大学，2010.

[14] 徐青松，季洪献，侯炜，等. 监测导线温度实现输电线路增容新技术[J]. 电网技术，2006，30(增刊)：171-176.

[15] 梁俭. 输电线路增容在线监测在电力系统中的应用[J]. 广东电力，2005，18(8)：34-35.

[16] 樊浩，王永生，陈金辉. 基于总成本费用模型的经济电流密度计算方法研究[J]. 河北工业科技，2020，37(01)：27-33.

[17] 王晖，梁新兰. 根据经济电流密度选择导线截面的研究[J]. 科学技术与工程，2010，10(25)：6279-6282+6290.

[18] 黄文胜. 基于架空输电线路输电能力的研究[J]. 低碳世界，2016(19)：57-58. DOI：10.16844/j.cnki.cn10-1007/tk.2016.19.035.

[19] 安庆. 周口电网输电线路输送容量与线路弧垂、温度之间的关系研究[D]. 郑州大学，2007.

[20] 盛银波，许金明，曾东，温镇. 输电线路动态增容检测技术在嘉兴电网中的应用[J]. 浙江电力，2013(05)：15-18.

[21] 徐政. 超、特高压交流输电系统的输送能力分析[J]. 电网技术，1995(08)：7-12.

[22] 张斌. 基于气象预测的输电线路动态增容方法研究[D]. 福州大学，2018.

[23] 王孝敬. 输电线路导线测温与动态增容关键技术研究[J]. 江西电力，2011(01)：31-34.

[24] 李景禄，李卫国，唐忠. 输电线路杆塔接地及其降阻措施[J]. 电瓷避雷器，2003(3)：40-43.

[25] 刘志成，董向明，严昊，李群山，易本顺. 融合微气象参数预测的输电线动态增容模型[J]. 电力系统及其自动化学报，2022(34)卷 第 1 期：56-64.

[26] 田志刚，赵宏伟，冯波，孙润诚. OPGW 感应取电技术概述[J]. 兵器装置工程学报，2018(4)：155-158.

[27] 吴波，盛戈，曾奕，等. 多电池组太阳能光伏电源系统的设计与应用[J]. 电力电子技术，2008，42(2)：45-47.

[28] 刘亚东，盛戈峰，江秀臣，等基于功率控制法的电流互感器取电电源设计[J]. 电力系统自动化，2010，34(3)：70-74.

[29] 刘亚东，盛戈，江秀臣，等，基于相角控制法的输电线路 CT 取电电源设计[J]. 电力系统自动化，2011，35(19)：72-77.

[30] 朱成喜，刘亚东，盛戈，等导线监测装置取电研究[J]. 电力电子技术，2011，45(2)：78-80.

[31] 李志先，杜林，陈伟跟，等. 输电线路状态监测系统取能电源的设计新原理[J]. 电力系统自动化，2008，32(1)：76-80.

[32] 任晓东，陈树勇，姜涛，电子式电流互感器高压侧取能装置的设计[J]. 电网技术，2008，32(18)：67-71.

[33] 朱炜，高学山，吴晓兵，等. 混合光电电流互感器的反馈式激光供能[J]. 微纳电子技术，2007，7：146-149.

[34] 郭经红，张浩. 智能输电网线路状态监测系统数据传输技术研究[J]. 中国电机工程学报，2011，31(S1)：45-49.

[35] Hubert Z, Thomas B, Georg B. Energy harvesting for online condition monitoring of high voltageoverhead power line [C]. I2MTC 2008-IEEE International Instrumentation and MeasurementTechnology Conference, Victoria, Canada, 2008.

[36] Ben-kish A, Tur M, Shafir E. Geometrical separation between the birefringence components inFaraday-rotation fibre-optic current sensors[J]. Opt Lett, 1999, 16(9): 687-693.

[37] Committee D, Power I, Society E. IEEE Standard for Calculating the Current-temperature Relationship of Bare Overhead Conductors[S]. 2007, 2(2): c1-59.

[38] CIGRE WG22. 12, The Thermal Behavior of Overhead Conductor. [S]. Paris, France, CIGRE, ELECTRA, 1992.

[39] V. T. Morgan. Rating of bare overhead conductors for continuous currents[J]. Electrical Engineers Proceedings of the Institution of, 1967, 114(10): 1473-1482.

[40] IEC_TR_61597-1995, Overhead Electrical Conductors-calculation Methods for Stranded Bare Conductors[S].